Flex und Flo 4

Addieren und Subtrahieren

Erarbeitet von
Britta Decker und Sandra Felix
in Zusammenarbeit mit der
Redaktion Grundschule.

Unter beratender Mitwirkung von
Rolf Breiter, Anja Göttlicher, Marion Krones,
Babette Steiner und Sabine Willmeroth.

Diesterweg

Zeichenerklärung

Mathekonferenz
- Beschäftige dich zuerst alleine mit der Aufgabe.
- Notiere deine Überlegungen.
- Suche dir mindestens zwei Kinder, die sich auch mit der Aufgabe beschäftigt haben.
- Stellt euch gegenseitig eure Überlegungen vor.
- Sprecht darüber.

Male/Zeichne mit der entsprechenden Farbe!

Streiche durch, was nicht passt!

Ordne zu!

Kreise ein!

Kreuze an!

Benutze Material!

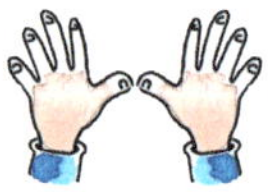

Partnerarbeit

Aufgaben zur Differenzierung mit einem höheren Anspruchsniveau

Lernstandskontrolle

im Diagnoseheft „Mein Weg durch die Mathematik“ (ISBN 978-3-425-13219-8)

Inhaltsverzeichnis

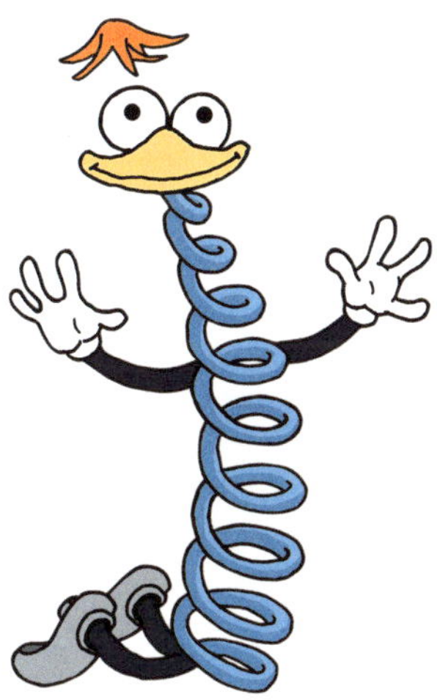

Wiederholung und Vertiefung

____
Datum

1

94 + 8 = ______
194 + 8 = ______
594 + 8 = ______
894 + 8 = ______

15 − 7 = ______
615 − 7 = ______
715 − 7 = ______
915 − 7 = ______

104 − 9 = ______
204 − 9 = ______
504 − 9 = ______
704 − 9 = ______

2

a) 524 + 9 = ______
817 + 5 = ______
486 + 4 = ______
348 + 6 = ______

b) 821 − 4 = ______
284 − 6 = ______
715 − 9 = ______
672 − 8 = ______

c) 195 + 7 = ______
913 − 8 = ______
762 − 5 = ______
297 + 8 = ______

d) 944 + 8 = ______
203 − 6 = ______
407 − 9 = ______
566 + 7 = ______

3

a) 430 + 60 = ______
270 + 10 = ______
610 + 50 = ______
340 + 20 = ______

b) 870 − 50 = ______
350 − 40 = ______
960 − 20 = ______
480 − 60 = ______

c) 270 + 60 = ______
310 − 50 = ______
820 − 70 = ______
230 + 80 = ______

d) 530 − 80 = ______
960 − 90 = ______
150 + 70 = ______
380 + 30 = ______

4

a) 570 + 200 = ______
690 + 300 = ______
250 + 600 = ______

b) 910 − 700 = ______
530 − 300 = ______
680 − 200 = ______

c) 860 − 500 = ______
380 + 400 = ______
720 − 600 = ______

5

a) 520 + 170 = ______
640 + 230 = ______
370 + 250 = ______
260 + 680 = ______

b) 690 − 450 = ______
780 − 360 = ______
810 − 540 = ______
550 − 370 = ______

c) 620 − 490 = ______
280 + 680 = ______
190 + 740 = ______
970 − 590 = ______

6

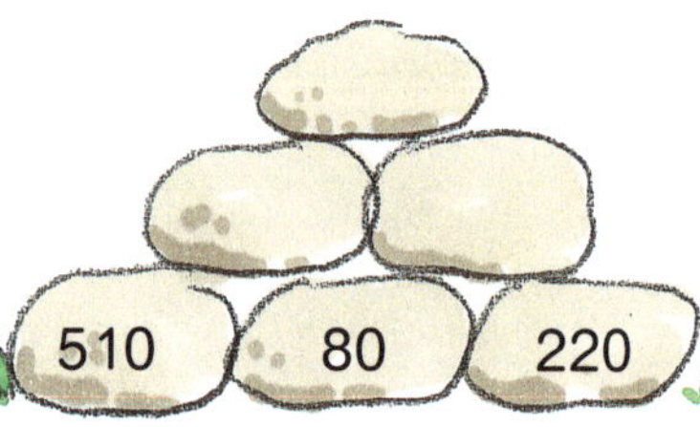

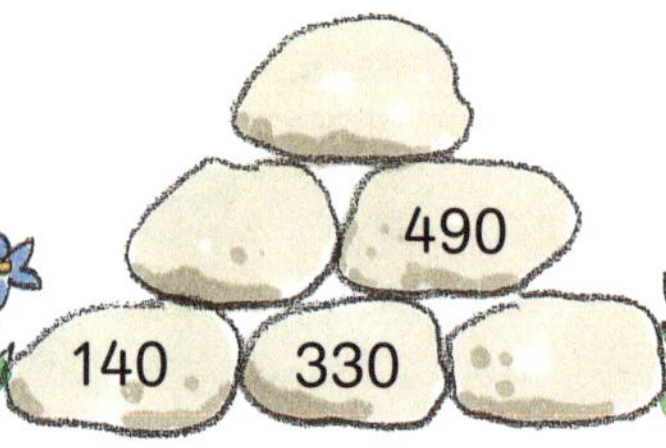

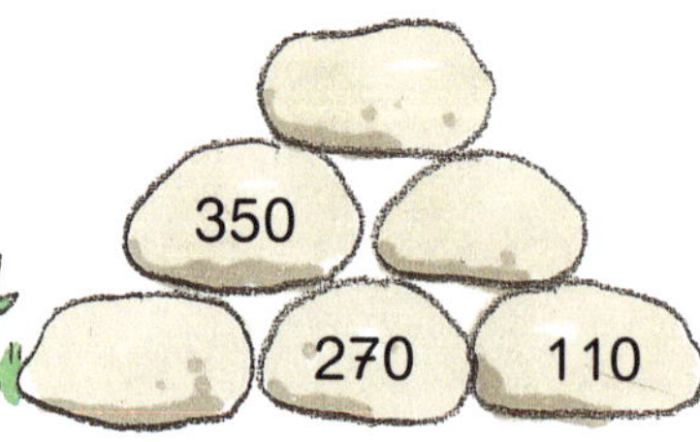

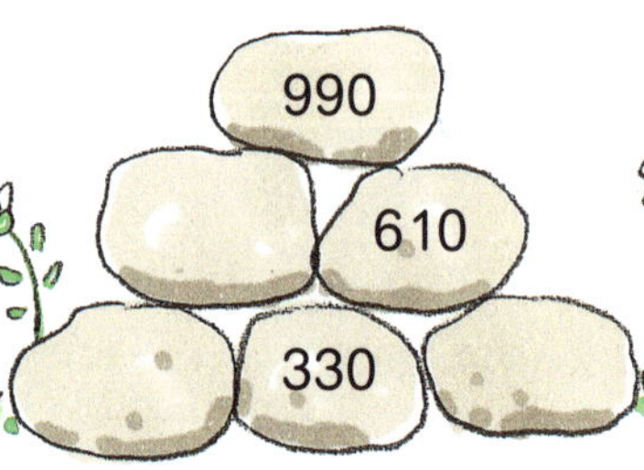

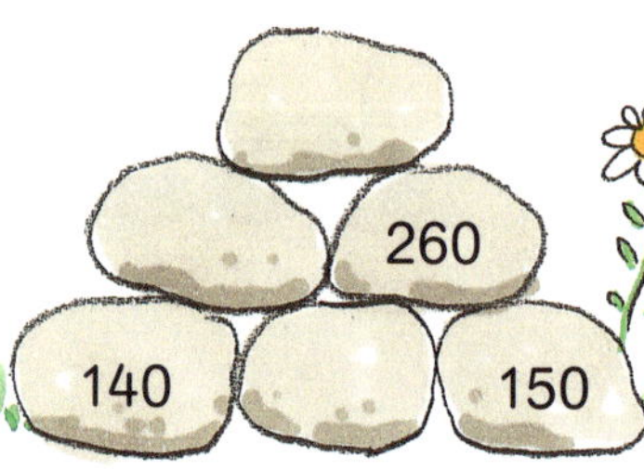

Wiederholung und Vertiefung

____
Datum

1 Rechne erst die Aufgabe im Dach. Löse dann die anderen Aufgaben.

a) 340 + 80 = ______

342 + 80 = ______	340 + 83 = ______
345 + 80 = ______	340 + 85 = ______
348 + 80 = ______	340 + 86 = ______
349 + 80 = ______	340 + 88 = ______

b) 570 + 60 = ______

573 + 60 = ______	570 + 62 = ______
575 + 60 = ______	570 + 64 = ______
576 + 60 = ______	570 + 67 = ______
579 + 60 = ______	570 + 68 = ______

2 a) 250 − 70 = ______

252 − 70 = ______	250 − 71 = ______
254 − 70 = ______	250 − 72 = ______
257 − 70 = ______	250 − 75 = ______
259 − 70 = ______	250 − 77 = ______

b) 510 − 90 = ______

513 − 90 = ______	510 − 93 = ______
516 − 90 = ______	510 − 95 = ______
518 − 90 = ______	510 − 97 = ______
519 − 90 = ______	510 − 99 = ______

3 Finde Aufgaben für das Haus wie in Aufgabe 2.

430 − 70 = ______

______ − ______ = ______	______ − ______ = ______
______ − ______ = ______	______ − ______ = ______
______ − ______ = ______	______ − ______ = ______

4

a)	b)	c)	d)
420 + 64 = ______	872 + 20 = ______	276 − 40 = ______	680 − 58 = ______
310 + 38 = ______	234 + 40 = ______	982 − 50 = ______	390 − 32 = ______
560 + 69 = ______	657 + 80 = ______	548 − 80 = ______	820 − 46 = ______
740 + 87 = ______	141 + 70 = ______	713 − 60 = ______	440 − 81 = ______

5 Male Aufgaben mit gleichem Ergebnis mit der gleichen Farbe an.

530 + 48 = ______
583 − 40 = ______
380 + 75 = ______
385 + 70 = ______
358 + 40 = ______
438 + 70 = ______
545 − 70 = ______
540 − 65 = ______
348 + 50 = ______
548 − 40 = ______
503 + 40 = ______
538 + 40 = ______

Wiederholung und Vertiefung

_______________ Datum

1 a) Ein Summand ist 220. Die Summe ist 460. Wie heißt der zweite Summand?
b) Beide Summanden sind gleich. Die Summe ist 684. Wie heißen die Summanden?
c) Ein Summand ist 481. Die Summe ist 999. Wie heißt der zweite Summand?

a) 220 + ______ = 460 b) ______ + ______ = ______ c) ____________________

2 Ergänze den fehlenden Summanden.

a)	b)	c)
350 + ______ = 1000	825 + ______ = 1000	1000 = 230 + ______
______ + 410 = 1000	______ + 275 = 1000	1000 = ______ + 935
140 + ______ = 1000	710 + ______ = 1000	1000 = 505 + ______
270 + ______ = 1000	______ + 695 = 1000	1000 = 475 + ______

3 Finde zu den Summen immer zwei passende Summanden.
Du kannst jede Zahl mehrmals verwenden.

310 370 690 120 250 440 560 0 880 750 60 500

a) Die Summe ist 1000.	b) Die Summe ist 560.	c) Die Summe ist 810.
______ + ______ = 1000	______ + ______ = 560	____________________
______ + ______ = 1000	______ + ______ = 560	____________________
______ + ______ = 1000	______ + ______ = 560	____________________

4 Wie heißt die Aufgabe?

a) Ein Summand ist um 420 größer als der andere. Die Summe ist 820.

______ + ______ = ______

b) Ein Summand ist um 740 größer als der andere. Die Summe ist 940.

____

c) Ein Summand ist doppelt so groß wie der andere. Die Summe ist 690.

____

Wiederholung und Vertiefung

____
Datum

1 Rechne auf deinem Weg.

3 2 5 + 6 8 =

4 6 8 + 5 7 =

6 7 3 + 3 9 =

4 9 8 + 3 5 =

3 7 6 + 5 8 =

5 5 5 + 4 6 =

2 Rechne auf deinem Weg. Schreibe in dein Heft.

a)	b)	c)
252 + 67	797 + 52	356 + 72
678 + 81	873 + 36	584 + 65
193 + 24	392 + 83	241 + 93
258 + 71	742 + 94	594 + 52

d)	e)	f)
645 + 79	416 + 67	263 + 81
489 + 28	658 + 72	387 + 42
726 + 47	736 + 81	182 + 93
461 + 74	173 + 85	326 + 92

3 Welche Zahlen sind es?

Die Summe aus drei Summanden ist 800. Die Summe des ersten und zweiten Summanden ist 400. Die Summe des zweiten und dritten Summanden ist 450.

Wiederholung und Vertiefung

Datum ____________

1 Rechne auf deinem Weg.

485 – 56 =

234 – 87 =

372 – 95 =

914 – 48 =

645 – 77 =

826 – 59 =

2 Rechne auf deinem Weg. Schreibe in dein Heft.

a)	b)	c)	d)	e)
572 – 67	953 – 37	484 – 93	569 – 84	649 – 98
864 – 46	614 – 28	738 – 76	438 – 67	302 – 81
237 – 29	465 – 49	954 – 64	623 – 88	846 – 75
667 – 95	546 – 73	432 – 51	756 – 83	349 – 65

3

4 Finde immer sechs Aufgaben.

a) 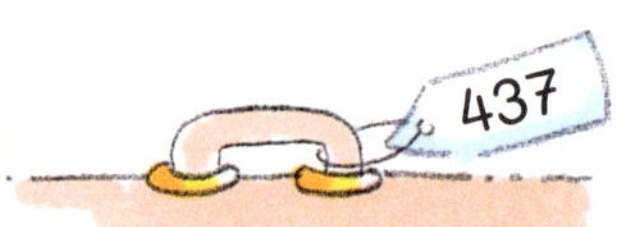

b) 

Wiederholung und Vertiefung

_______________ Datum

1 Rechne geschickt. Schreibe in deinen Worten auf, wie du gerechnet hast.

____

____

____

2 Rechne geschickt. Schreibe nur das Ergebnis auf.

a)	b)	c)	d)
574 − 99 = ____	817 − 98 = ____	692 − 79 = ____	987 − 39 = ____
864 − 99 = ____	734 − 99 = ____	458 − 49 = ____	368 − 59 = ____
145 − 99 = ____	531 − 97 = ____	276 − 39 = ____	793 − 49 = ____

3 Rechne geschickt.

a)	b)	c)	d)
765 − 199 = ____	482 − 299 = ____	722 − 399 = ____	985 − 499 = ____
873 − 199 = ____	846 − 299 = ____	537 − 299 = ____	654 − 399 = ____

4 Wie kannst du diese Aufgabe geschickt rechnen? 689 − 682

____

____

5

a)	b)	c)	d)
812 − 808 = ____	323 − 318 = ____	751 − 748 = ____	463 − 457 = ____
253 − 248 = ____	421 − 417 = ____	992 − 989 = ____	123 − 119 = ____

6 Rechne geschickt. Schreibe in deinen Worten auf, wie du gerechnet hast.

____

____

____

7 Rechne geschickt. Schreibe nur das Ergebnis auf.

a)	b)	c)	d)
499 + 78 = ____	899 + 37 = ____	198 + 248 = ____	798 + 157 = ____
399 + 64 = ____	699 + 85 = ____	498 + 167 = ____	497 + 236 = ____
799 + 35 = ____	599 + 34 = ____	298 + 356 = ____	699 + 244 = ____

8

a)	b)	c)	d)
514 + 29 = ____	687 + 89 = ____	563 + 49 = ____	852 + 69 = ____
754 + 39 = ____	342 + 69 = ____	286 + 39 = ____	684 + 39 = ____

9 Kannst du auch hier geschickt rechnen?
Schreibe in deinen Worten auf, wie du gerechnet hast. Schreibe in dein Heft.

a) 492 + 208 b) 694 + 106 c) 593 + 307 d) 305 + 295 e) 704 + 196

Datum ______

1 Schreibe stellengerecht untereinander und addiere schriftlich.

a) 347 + 463 b) 619 + 236 c) 485 + 67 d) 123 + 578 e) 478 + 256

a)
 347
+463
____

2 Welcher Überschlag passt? Verbinde zuerst und rechne dann genau.

Ü: 500 + 150 = ______ Ü: 200 + 650 = ______

Ü: 600 + 300 = ______ Ü: 350 + 300 = ______ Ü: 400 + 300 = ______

a)
 483
+157
____

b)
 614
+278
____

c)
 359
+292
____

d)
 425
+319
____

e)
 187
+643
____

3 Überschlage zuerst, rechne dann genau. Schreibe in dein Heft.

a) 438 + 359	b) 586 + 187	c) 568 + 159	d) 562 + 148	e) 485 + 178
217 + 485	85 + 738	709 + 254	131 + 495	346 + 654
884 + 57	392 + 374	687 + 219	547 + 384	267 + 495

4 Rechne nur die neun Aufgaben, deren Summe kleiner als 1000 ist. Schreibe in dein Heft.

a) 639 + 195	b) 476 + 337	c) 193 + 748	d) 447 + 613	e) 627 + 288
287 + 634	809 + 254	821 + 352	729 + 182	249 + 598
327 + 578	624 + 419	187 + 679	534 + 599	659 + 487

5 Addiere die drei Summanden schriftlich in deinem Heft.

a) 319 + 128 + 405	b) 164 + 352 + 276	c) 327 + 243 + 178
437 + 281 + 96	501 + 189 + 248	253 + 85 + 492

Wiederholung und Vertiefung

Datum ______

1 Welche Bälle passen in den Korb?
Male sie orange an.

- $419 + 354$ = ____
- $293 + 490$ = ____
- $648 + 135$ = ____
- $279 + 514$ = ____
- $157 + 626$ = ____
- $522 + 251$ = ____
- $395 + 388$ = ____

2 Welche Aufgaben rechnest du im Kopf? Kreuze an.
Löse die übrigen Aufgaben schriftlich in deinem Heft.

a)	b)	c)
☐ 207 + 438 = ____	☐ 456 + 273 = ____	☐ 409 + 457 = ____
☐ 489 + 187 = ____	☐ 203 + 257 = ____	☐ 397 + 436 = ____
☐ 174 + 819 = ____	☐ 215 + 95 = ____	☐ 586 + 78 = ____
☐ 306 + 475 = ____	☐ 499 + 268 = ____	☐ 234 + 662 = ____

3 Klecksaufgaben. Welche Ziffern fehlen?

- a) ● 8 9 + 3 4 6, Übertrag 1 1, = 6 ● 5
- b) 7 ● 6 + ● 9 ●, Übertrag 1, = 9 1 6
- c) 1 4 3 + 6 ● ●, Übertrag 1, = ● 7 1
- d) 5 ● ● + ● 3 6, = 9 3 8
- e) ● 6 7 + 4 1 ●, Übertrag 1, = 7 ● 2
- f) ● 3 ● + 6 ● 9, Übertrag 1, = 8 8 0

4 Welche Ziffern musst du für die Buchstaben einsetzen?

- a) 3 B 4 + 5 0 A, Übertrag 1 1, = B 0 2
- b) 2 A + 5 B 4, Übertrag 1 1, = A 1 0
- c) 6 B A + C 6 9, Übertrag 1, = B 4 9
- d) 5 A 7 + B 5 A, Übertrag 1 1, = 8 0 1
- e) B 3 A + 1 B A, Übertrag 1, = 5 8 8

a) 3 9 4 + 5 0 8, Übertrag 1 1, = 9 0 2

5 Ergänze immer so, dass die Summe zwischen 700 und 800 liegt.

- a) 3 7 9 + ____
- b) 2 0 7 + ____
- c) ____ + 7 3 6
- d) 4 5 3 + ____
- e) ____ + 6 8 1

Wiederholung und Vertiefung

Datum ____________

1 Schreibe stellengerecht untereinander und subtrahiere schriftlich auf deinem Weg.

a) 895 – 478 b) 726 – 483 c) 413 – 85 d) 634 – 276 e) 809 – 364

a)
  895
– 478
_____

2 Welcher Überschlag passt? Verbinde zuerst und rechne dann genau.

Ü: 600 – 500 = ______ Ü: 850 – 300 = ______ Ü: 750 – 400 = ______

Ü: 900 – 650 = ______ Ü: 500 – 200 = ______

a)
  856
– 279
_____

b)
  613
– 485
_____

c)
  928
– 653
_____

d)
  749
– 387
_____

e)
  532
– 213
_____

3 Überschlage zuerst, rechne dann genau.
Schreibe in dein Heft.

a) 843 – 487
636 – 587
753 – 176

b) 428 – 351
741 – 453
876 – 89

c) 907 – 624
564 – 396
623 – 548

d) 812 – 58
546 – 327
824 – 653

e) 604 – 417
782 – 91
650 – 473

f) 705 – 67
956 – 762
408 – 284

Ü: 800 – 500 = 300

  843
– 487
_____

Wiederholung und Vertiefung

______________ Datum

1 Rechne nur die neun Aufgaben, deren Differenz kleiner als 200 ist.

a)	b)	c)	d)	e)
834 − 718	982 − 864	795 − 673	891 − 552	855 − 676
678 − 353	513 − 456	753 − 496	429 − 287	675 − 419
539 − 461	794 − 593	914 − 278	306 − 108	536 − 468

2 Welche Aufgaben rechnest du im Kopf? Kreuze an.
Löse die übrigen Aufgaben schriftlich in deinem Heft.

a)	b)	c)
☐ 372 − 199 = ____	☐ 647 − 376 = ____	☐ 563 − 302 = ____
☐ 784 − 548 = ____	☐ 898 − 246 = ____	☐ 842 − 357 = ____
☐ 499 − 273 = ____	☐ 538 − 438 = ____	☐ 719 − 509 = ____
☐ 804 − 797 = ____	☐ 739 − 587 = ____	☐ 965 − 497 = ____

3 Hat Flex richtig gerechnet?
Kontrolliere mit einer Probe und kreuze richtig (r) oder falsch (f) an.

a)	b)	c)	d)
449	857	604	718
− 257	− 439	− 386	− 534
292	418	388	224
r ☐ f ☐	r ☐ f ☐	r ☐ f ☐	r ☐ f ☐

a) b) c) d)

4 Klecksaufgaben. Welche Ziffern fehlen?

a)	b)	c)	d)	e)	f)
4 ● 6	7 1 9	6 4 ●	● ● 5	5 8 ●	8 ● 8
− ● 7 3	− 5 ● ●	− ● 2 7	− 7 8 ●	− ● 2 6	− 6 9 ●
1 8 ●	● 5 5	2 ● 6	1 4 2	2 ● 7	● 4 6

5 Die Differenz ist immer 423. Finde passende Zahlen.

a)	b)	c)	d)	e)
7 4 9	☐☐☐	☐☐☐	☐☐☐	☐☐☐
− 3 2 6	− ☐☐☐	− ☐☐☐	− ☐☐☐	− ☐☐☐
4 2 3	4 2 3	4 2 3	4 2 3	4 2 3

_______________ Datum

1

a) Der Minuend ist 713. Der Subtrahend ist 414. Wie heißt die Differenz?
b) Der Minuend ist 505. Der Subtrahend ist 283. Wie heißt die Differenz?
c) Der Minuend ist 926. Der Subtrahend ist 568. Wie heißt die Differenz?
d) Der Subtrahend ist 369. Der Minuend ist 456. Wie heißt die Differenz?

a)
  7 1 3
− 4 1 4

2 Was stimmt? Kreuze an.

- ☐ a) Minuend: 413 Subtrahend: 569 Differenz: 156
- ☐ b) Subtrahend: 973 Minuend: 758 Differenz: 215
- ☐ c) Subtrahend: 419 Minuend: 827 Differenz: 408
- ☐ d) Differenz: 424 Subtrahend: 458 Minuend: 882

3

a) Der Subtrahend ist 429. Die Differenz ist 283. Wie heißt der Minuend?

b) Der Minuend ist 846. Der Subtrahend ist halb so groß. Wie heißt die Differenz?

c) Die Differenz ist 154. Der Minuend ist 638. Wie heißt der Subtrahend?

R1

Der Taschenrechner

_______ Datum

1 Vergleicht eure Taschenrechner. Wofür stehen die Tasten [+] [−] [x] [÷] [·] [c] [=]?
Haben alle Taschenrechner die gleichen Tasten?

2 Rechne die Aufgaben mit dem Taschenrechner. Schreibe nur das Ergebnis auf.

a) 358 + 519 = ______ b) 627 − 241 = ______ c) 138 + 264 = ______ d) 581 − 329 = ______
276 + 635 = ______ 808 − 205 = ______ 417 + 384 = ______ 834 − 163 = ______

3 Rechne die Aufgaben mit dem Taschenrechner. Schreibe nur das Ergebnis auf.

a) dreihundertneunundneunzig plus vierhundertsechsunddreißig ______
b) zweihundertfünfundzwanzig plus fünfhundertvierunddreißig ______
c) sechshundertsechsundfünfzig minus dreihundertachtundsiebzig ______
d) neunhundertsiebenundzwanzig minus sechshundertacht ______

4 Überprüfe die Ergebnisse mit dem Taschenrechner. Streiche die falschen Ergebnisse durch und schreibe das richtige Ergebnis auf.

a) 573 − 286 = 297 ______ b) 671 − 318 = 989 ______ c) 734 − 262 = 472 ______
d) 418 + 314 = 732 ______ e) 342 + 485 = 827 ______ f) 198 + 786 = 994 ______
g) 165 + 732 = 997 ______ h) 716 + 183 = 899 ______ i) 913 + 567 = 346 ______

5 Kettenaufgaben. Schreibe nur das Endergebnis auf.

a) [425] −279 → [ ] +638 → [ ] +217 → [ ] −482 → [ ]
b) [999] −815 → [ ] +456 → [ ] +165 → [ ] −357 → [ ]
c) [143] +628 → [ ] −361 → [ ] +583 → [ ] −435 → [ ]

6 a) Versucht möglichst schnell von 74 auf 100 zu kommen.
Ihr dürft nur [+] [8] und [−] [6] rechnen, das aber so oft ihr wollt.
b) Versucht möglichst schnell von 460 auf 1 000 zu kommen.
Ihr dürft nur [+] [1] [2] [0] und [−] [2] [0] rechnen, das aber so oft ihr wollt.

Tausenderzahlen bis 10 000

Datum

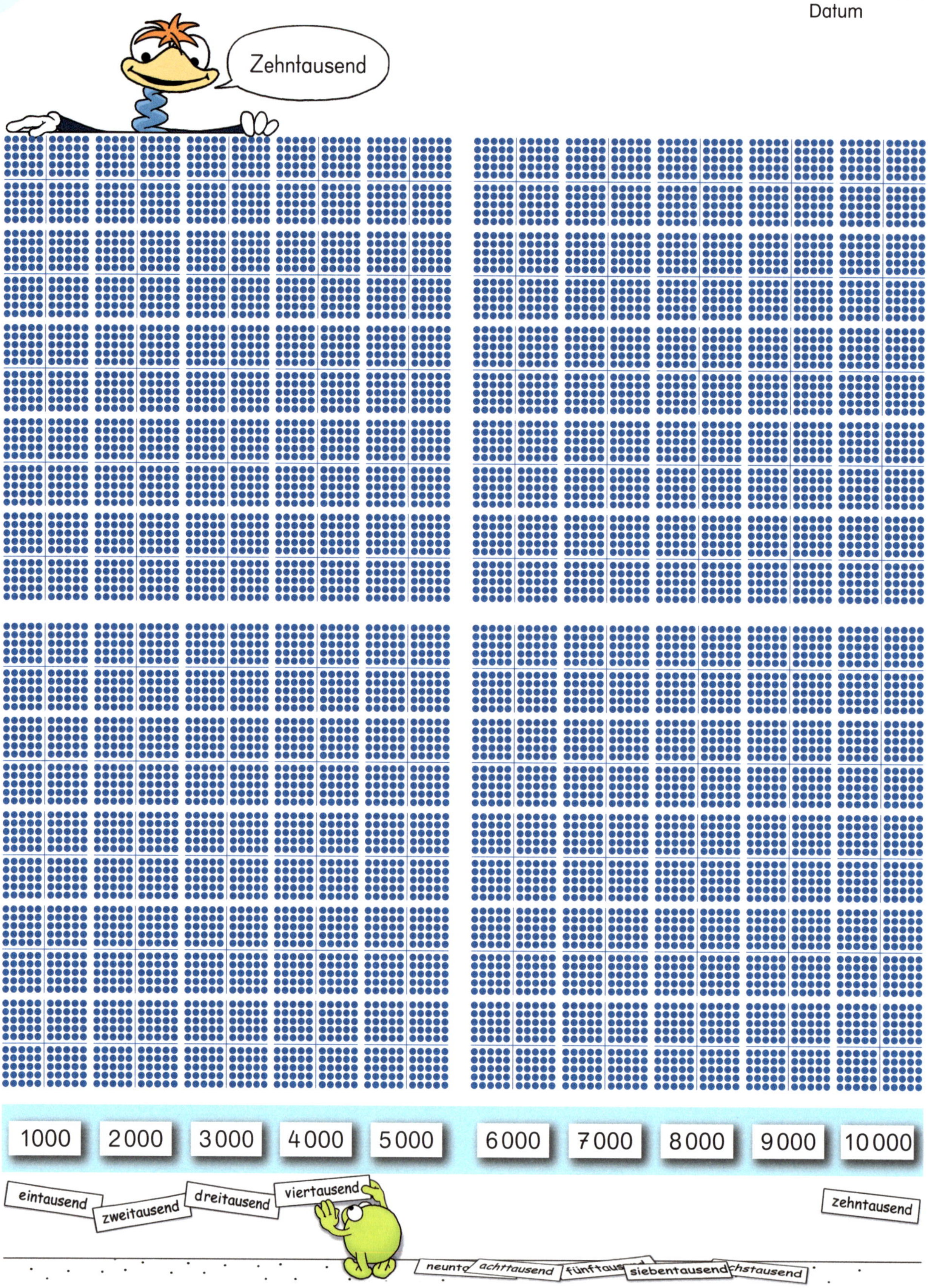

1 a) Wie viele Hunderterfelder hat das 10 000er-Feld?

b) Wie viele Tausenderstreifen hat das 10 000er-Feld?

2 Zeigt diese Anzahlen am 10 000er-Feld. Findet mehrere Möglichkeiten.

a) 1 000 Punkte b) 3 000 Punkte c) 5 000 Punkte d) 6 000 Punkte

e) 2 500 Punkte f) 4 500 Punkte g) 7 500 Punkte h) 9 900 Punkte

Rechnen mit Tausenderzahlen

____
Datum

1

a)	b)	c)
3000 + 1000 = ______	2000 + 2000 = ______	7000 + 2000 = ______
2000 + 6000 = ______	4000 + 3000 = ______	8000 + 2000 = ______
6000 + 4000 = ______	3000 + 7000 = ______	4000 + 4000 = ______
4000 + 2000 = ______	6000 + 1000 = ______	3000 + 5000 = ______

2

a)	b)	c)
10000 − 1000 = ______	4000 − 3000 = ______	9000 − 7000 = ______
10000 − 5000 = ______	8000 − 6000 = ______	6000 − 4000 = ______
10000 − 9000 = ______	9000 − 5000 = ______	5000 − 1000 = ______
10000 − 3000 = ______	7000 − 4000 = ______	6000 − 3000 = ______

3

a) 10000	b) 8000	c) 5000	d) 7000
1000 +	4000 +	2000 +	
2000 +	2000 +		
3000 +	5000 +		

4 Ergänze.

a)	b)	c)
7000 + ______ = 10000	10000 − ______ = 8000	______ − 7000 = 2000
4000 + ______ = 10000	10000 − ______ = 6000	______ − 3000 = 4000
5000 + ______ = 10000	10000 − ______ = 1000	______ − 5000 = 1000
2000 + ______ = 10000	10000 − ______ = 3000	______ − 6000 = 3000

5 Immer 10000.

a) 10000 = 1000 + 1000 + 1000 + 1000 + 1000 + 1000 + 1000 + 1000 + 1000 + 1000
10000 = _____ · 1000

b) 10000 = 2000 + 2000 + ______ + ______ + ______
10000 = _____ · 2000

c) 10000 = 5000 + 5000
10000 = _____ · 5000

Zahlen bis 10 000

Datum

1 Schreibe wie Flex.

a)

T	H	Z	E
4	7	3	5

4T + 7H + 3Z + 5E
4000 + 700 + 30 + 5 = 4735

b)

T	H	Z	E
9	2	3	1

c)

T	H	Z	E
3	5	8	0

d)

T	H	Z	E
6	0	9	4

e)

T	H	Z	E
2	6	0	7

f)

T	H	Z	E
8	0	7	0

2 Wie heißt die Zahl?

a) 3T + 4H + 8Z + 6E
3000 + 400 + 80 + 6 = 3486

b) 6T + 9H + 5Z + 2E

c) 4T + 2Z + 7E

d) 5T + 2H + 1Z + 9E

e) 6T + 5E

f) 7T + 3H + 6Z

Zahlen bis 10000

Datum ____________

1 Übertrage in die Stellentafel und schreibe als Zahl.

a)

	T	H	Z	E	Zahl
1T + 2H + 4Z + 3E	1	2	4	3	1243
3T + 8H + 6Z + 5E					
7T + 1H + 3Z + 6E					
2T + 3H + 9Z + 8E					
8T + 4H + 5Z					
4T + 9H + 3E					
6H + 7Z + 2E					
5T + 6H + 1E					

b)

	T	H	Z	E	Zahl
4T + 3H					
6T + 7H					
3T + 8Z					
8T + 5E					
9T + 1E					
4H + 8E					
6T + 4Z					
2T + 9H					

2 Aufgepasst! Übertrage in die Stellentafel und schreibe als Zahl.

a)

	T	H	Z	E	Zahl
5T + 8Z + 3H + 4E					
3T + 7E + 2Z + 6H					
5H + 9T + 4E + 3Z					
7E + 5T + 3Z + 6H					
4Z + 8H + 2E + 1T					
6Z + 5E + 3T					
4H + 6T + 9E					
3E + 7H + 5Z					

b)

	T	H	Z	E	Zahl
5E + 8H					
6Z + 3H					
7Z + 8T					
5H + 1T					
3E + 7H					
1H + 9T					
4E + 7H					
7H + 2T					

3 Bündele.

a)	b)	c)	d)
15H = 1T + 5H	21Z = ______	16E = ______	28H = ______
37H = ______	17Z = ______	24H = ______	13E = ______
22H = ______	25Z = ______	31Z = ______	39Z = ______

4 Aufgepasst! Trage die Zahlen richtig in die Stellentafel ein.

a)

	ZT	T	H	Z	E
4T + 15H + 4Z + 3E		5	5	4	3
1T + 21H + 9Z + 4E					
6T + 3H + 13Z + 5E					

b)

	ZT	T	H	Z	E
8T + 5H + 23Z + 4E					
3T + 8H + 1Z + 19E					
4T + 9H + 3Z + 23E					
2T + 23H + 4Z + 19E					
5T + 6H + 17Z + 23E					
18T + 4H + 27Z + 5E					
5T + 8H + 9Z + 16E					
1T + 6H + 14Z + 9E					
3T + 9H + 17Z + 18E					
9T + 9H + 9Z + 10E					

Zahlen bis 10 000

___________ Datum

1 Welche Zahl ist es?

a) 3000 + 400 + 70 + 5 = 3475
6000 + 100 + 30 + 7 = ______
4000 + 900 + 20 + 8 = ______

b) 9000 + 700 + 40 + 1 = ______
2000 + 300 + 80 + 4 = ______
1000 + 800 + 60 + 2 = ______

c) 8000 + 300 + 4 = ______
5000 + 70 + 9 = ______
7000 + 900 + 8 = ______

d) 800 + 2 + 30 + 3000 = ______
6 + 500 + 7000 + 90 = ______
50 + 5000 + 200 + 3 = ______

2 Nun umgekehrt. Zerlege die Zahlen wie Flo.

4365 = 4000 + 300 + 60 + 5
9137 = ______
8546 = ______
3105 = ______
6079 = ______
4286 = ______

3 Zerlege die Zahlen.

a) 5728 = ______
3194 = ______
4647 = ______
9401 = ______
7006 = ______
4050 = ______

b) 8435 = ______
1803 = ______
7262 = ______
2078 = ______
9300 = ______
5760 = ______

4 Ergänze die fehlenden Tausender, Hunderter, Zehner oder Einer.

a) 6283 = 6000 + ______ + 80 + ______
1924 = ______ + 900 + ______ + 4
8579 = ______ + 500 + 70 + ______
4362 = 4000 + ______ + ______ + 2
3815 = ______ + 800 + ______ + 5

b) 2637 = ______ + 600 + ______ + 7
5141 = 5000 + ______ + 40 + ______
7498 = 7000 + 400 + ______ + ______
9756 = ______ + ______ + 50 + 6
6274 = ______ + 200 + ______ + 4

5 Immer drei gehören zusammen. Male mit der gleichen Farbe an.

5040 | 4000 + 50 | 4000 + 500 | 5000 + 40
4T + 5H | 5T 4Z | 4T + 5Z
5000 + 4 | 4050 | 5004 | 4500 | 5T 4E

Zahlen bis 10 000

Datum ____________

1 Wie heißt die Zahl? Schreibe in dein Heft.

a) Die Zahl hat 6 Einer, 5 Hunderter, 7 Zehner und 2 Tausender.

b) Die Zahl hat 8 Tausender, halb so viele Hunderter, 3 Zehner und doppelt so viele Einer wie Zehner.

c) Die Zahl hat 6 Tausender und halb so viele Einer.

d) Die Zahl hat 5 Einer und doppelt so viele Hunderter.

2 Schreibe als Zahl.

viertausenddreihundertsiebenundfünfzig ________ zweitausendsiebenundneunzig ________

neuntausendachthundertsechzehn ________ sechstausendeinhundertneun ________

fünftausendsiebenhundertzweiunddreißig ________ dreitausendvierhundertachtzig ________

3 Verbinde die Zahl mit dem richtigen Zahlwort.

3728	siebentausenddreihundertzweiundachtzig
5192	dreitausendsiebenhundertachtundzwanzig
7382	fünftausendneunhundertzwölf
3782	fünftausendeinhundertzweiundneunzig
5912	fünftausendzweihunderteinundneunzig
5291	dreitausendsiebenhundertzweiundachtzig

4 Schreibe als Zahlwort in dein Heft.

a) 5782 b) 7528 c) 8257 d) 3709 e) 5027 f) 9412 g) 6859

5 Welche vierstelligen Zahlen kannst du mit den Ziffernkarten legen? Findest du alle Möglichkeiten? 2 7 8 4

T	H	Z	E
2	7	8	4
2	7	4	8
2	8		

6 Lege mit den Ziffernkarten

a) eine Zahl, die möglichst nah an 5000 liegt.

b) eine Zahl, die möglichst nah an 10 000 liegt.

4 9 1 5

7 Welche ungeraden Zahlen kannst du mit den Ziffernkarten 3 2 8 5 legen?

Stellentafel

Datum

1 Welche Zahl ist es?

a) 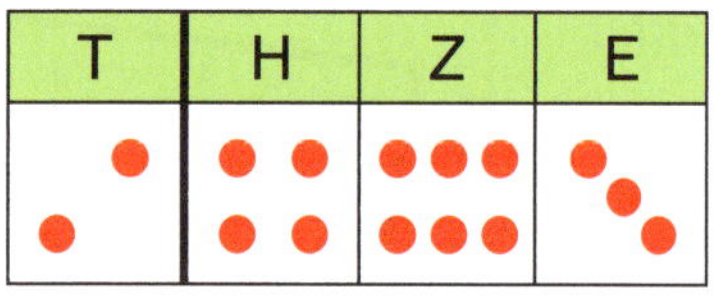

b) 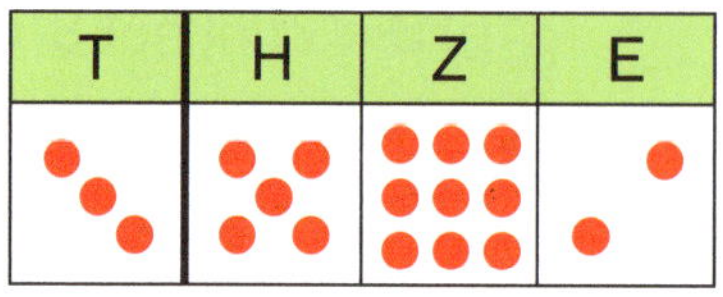

c) 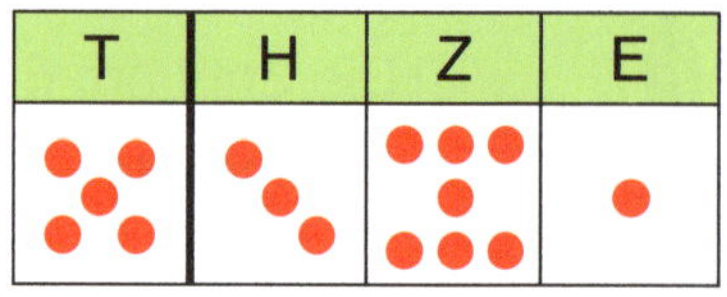

2

a) 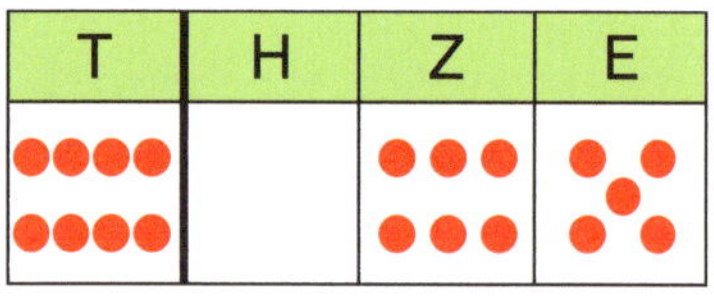

b) 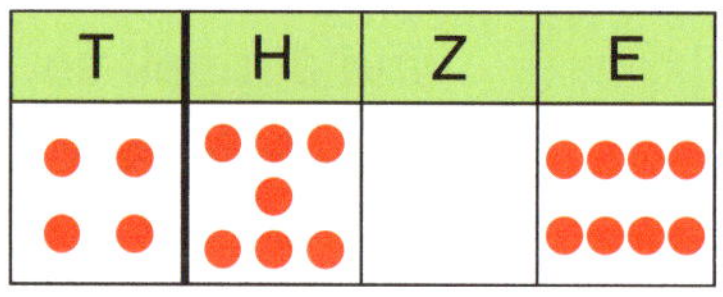

c) 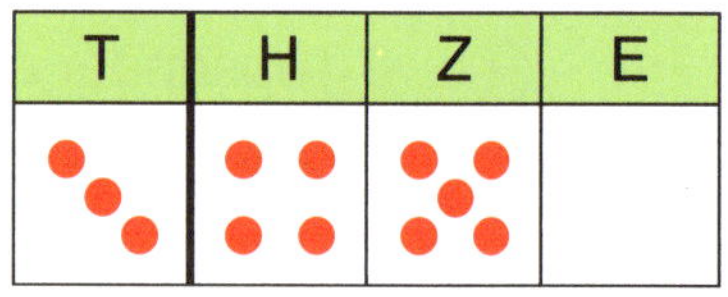

3

a) 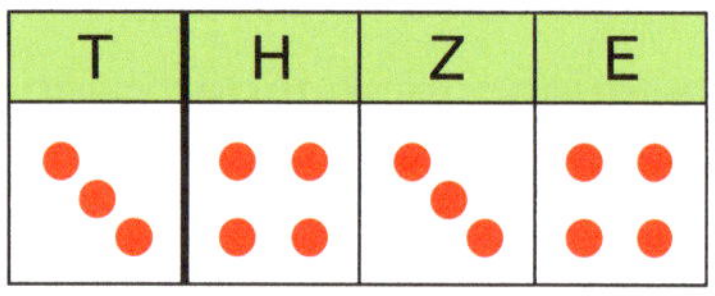

b) 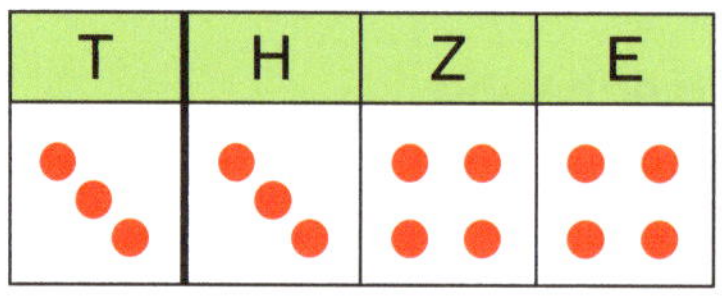

c) 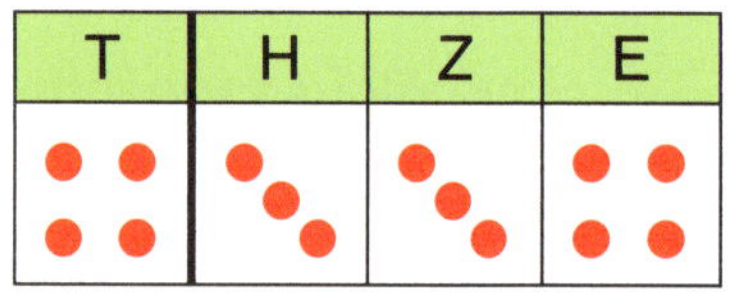

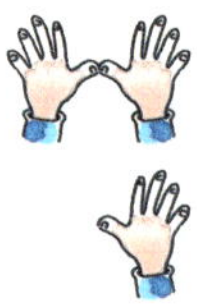

T	H	Z	E

4 Legt die Zahlen: a) 2244, 2424, 2442, 4224, 4242, 4422
b) 6391, 2708, 5034, 3870, 4050, 1625

Stellentafel

Datum

1 Welche vierstelligen Zahlen könnt ihr legen?
Schreibt die Zahlen auf.
a) Legt zwei Plättchen.
b) Legt drei Plättchen.

2 Lege die Zahl. Lege ein Plättchen dazu.
Welche Zahlen kannst du erhalten? Schreibe in dein Heft.

a)

T	H	Z	E
●●●●	●●	●●●	●●●●●

b)

T	H	Z	E
●●	●●●●●●	●●●●	●●●●●●

c)

T	H	Z	E
●●●	●		●●●●

3 Lege die Zahl. Nimm ein Plättchen weg.
Schreibe die Zahlen, die du erhalten hast, in dein Heft.

a)

T	H	Z	E
●●●●●●●	●●●	●●●●●●	●●●●●●●●

b)

T	H	Z	E
●●●●●●●●	●●●●●	●●	●●●

c)

T	H	Z	E
●●●●	●●	●	●●●●●●●

4 Lege die Zahl.
a) Lege ein Plättchen von der Tausenderstelle an die Hunderterstelle. Wie heißt die Zahl?
b) Lege ein Plättchen von der Zehnerstelle an die Hunderterstelle. Wie heißt die Zahl?
c) Lege ein Plättchen von der Einerstelle an die Zehnerstelle. Wie heißt die Zahl?
d) Lege ein Plättchen von der Tausenderstelle an die Zehnerstelle. Wie heißt die Zahl?

A

T	H	Z	E
●●●	●●	●●●●●●	●●●●

B

T	H	Z	E
●●●●	●●●●●	●	●●●

C

T	H	Z	E
●●	●●●●	●●●	●●●

5 Ergänze die Sätze.

a) Wenn ich ein Plättchen von der Tausenderstelle an die Hunderterstelle lege, wird die Zahl um ______ kleiner.

b) Wenn ich ein Plättchen von der Zehnerstelle an die Hunderterstelle lege, wird die Zahl um ______ größer.

c) Wenn ich ein Plättchen von der Einerstelle an die Zehnerstelle lege, wird die Zahl um ______ größer.

d) Wenn ich ein Plättchen von der Tausenderstelle an die Zehnerstelle lege, wird die Zahl um ______ kleiner.

Zahlenstrahl

Datum ____________

1 Bei welchen Zahlen stehen die Fähnchen?

A 400 B ______ C ______ D ______ E ______ F ______ G ______ H ______

2 Flo hat sich die Zahlen von 4 000 bis 5 000 genauer angeschaut. Wo stehen die Fähnchen?

[4 010] [ ] [ ] [ ] [ ] [ ] [ ]

4 000 4 100 4 200 4 300 4 400 4 500 4 600 4 700 4 800 4 900 5 000

3

[ ] [ ] [ ] [ ] [ ] [ ] [ ]

9 000 9 100 9 200 9 300 9 400 9 500 9 600 9 700 9 800 9 900 10 000

4

[ ] [ ] [ ] [ ] [ ] [ ] [ ]

7 500 7 600 7 700 7 800 7 900 8 000 8 100 8 200 8 300 8 400 8 500

5 Welche Zahl ist genau in der Mitte? Zeichne sie ein.

a) 8 000 ———— 10 000

b) 3 000 ———— 6 000

c) 2 500 ———— 7 500

d) 3 800 ———— 4 200

e) 6 250 ———— 8 250

f) 2 130 ———— 6 130

6 Welche Zahl ist genau in der Mitte?

a) 2 300 und 2 500 ______

b) 4 700 und 5 300 ______

c) 6 800 und 7 200 ______

d) 8 100 und 8 900 ______

Zahlenstrahl

Datum

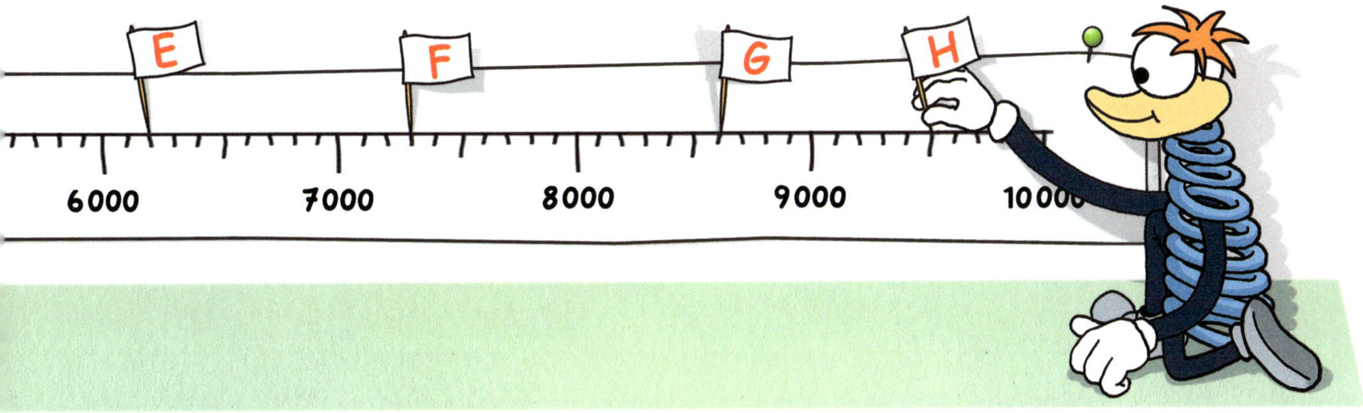

1 Welche Zahlen können es sein?

a) 0 … 4000

______ ______ ______

b) 2000 … 10000

______ ______ ______

c) 2000 … 6000

______ ______ ______

d) 0 … 6000

______ ______ ______

2

a) 6000 … 7000

______ ______ ______

b) 2500 … 3500

______ ______ ______

c) 7400 … 7500

______ ______ ______

d) 1650 … 1750

______ ______ ______

3 Wo sind diese Zahlen ungefähr? Zeichne sie ein.

a) 6000 … 8000

6500 | 7000 | 7500

b) 3500 … 5000

4000 | 4400 | 4500

c) 2000 … 3000

2100 | 2250 | 2500

d) 6000 … 7000

6200 | 6400 | 6900

4 Zeichne die Tausender ein.

0 … 10000

Zahlenstrahl

Datum ____________

0 1000 2000 3000 4000 5000 6000 7000 8000 9000 10000

1 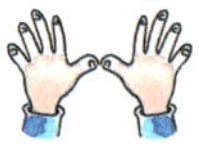 Suche die Zahlen am Zahlenstrahl und zähle weiter. Dein Partner kontrolliert.

a) 0, 500, 1000, ..., 5000
10000, 9500, 9000, ..., 5000

b) 1200, 1300, 1400, ..., 2200
7400, 7300, 7200, ..., 6400

2 Zähle in Zweihunderterschritten.

a) 3800, 4000, ____, ____, ____, ____, ____, ____, 5400
7100, 7300, ____, ____, ____, ____, ____, ____, 8700

b) 9600, 9400, ____, ____, ____, ____, ____, ____, 8000
4100, ____, ____, ____, ____, ____, ____, ____, 2500

3 In welchen Schritten wird hier gezählt?
Finde die Regel und setze die Zahlenfolge fort.
Schreibe auch die Regel auf.

a) 4300, 4350, 4400, ____, ____
____

b) 8980, 8970, 8960, ____, ____
____

c) 9999, 8888, 7777, ____, ____
____

d) 2325, 2300, 2275, ____, ____
____

e) 750, 1500, 2250, ____, ____
____

4 Welche Zahlen sind es? Schreibe immer den Vorgänger (V) und Nachfolger (N) dazu.

A B C D E F G H

2900 2910 2920 2930 2940 2950 2960 2970 2980 2990 3000

V	Zahl	N
2898	A: 2899	2900
	B:	
	C:	
	D:	

V	Zahl	N
	E:	
	F:	
	G:	
	H:	

5 Wie heißt der Vorgänger (V) und der Nachfolger (N)?
Trage in eine Tabelle in deinem Heft ein.

a) 1394, 4765, 5987, 6598, 3624, 8279
b) 7039, 3405, 6378, 7142, 6326, 2099
c) 5420, 7400, 9000, 8260, 4301, 9999

V	Zahl	N
1393	1394	1395

Zahlenstrahl

Datum ____________

1 Kleiner, größer oder gleich? Setze ein: (<), (>), (=)

a)			b)			c)			d)		
2 500	<	5 200	7 800	◯	7 700	4 120	◯	4 190	6 080	◯	6 800
6 400	◯	4 600	6 500	◯	6 300	7 480	◯	7 450	5 417	◯	5 714
9 100	◯	1 900	9 600	◯	9 600	1 080	◯	1 060	3 200	◯	3 020
3 500	◯	5 300	4 240	◯	4 340	2 435	◯	2 445	6 654	◯	6 645

2

a)			b)			c)			d)		
7 024	◯	7 042	4 334	◯	3 443	6 714	◯	6 379	8 645	◯	8 645
6 350	◯	6 350	2 799	◯	2 699	2 221	◯	2 212	4 371	◯	4 731
2 981	◯	2 991	5 388	◯	4 706	4 949	◯	4 950	3 373	◯	3 372
6 004	◯	5 997	7 382	◯	5 401	7 301	◯	1 037	4 701	◯	4 710

3 Ordne der Größe nach. Beginne mit der kleinsten Zahl.

a) 3 894, 3 957, ~~3 759~~, 3 885, 3 781, 3 902, 3 790

3759 < ____________________

b) 7 526, 4 193, 9 368, 5 281, 2 829, 6 057, 8 174

____

4 Ordne der Größe nach. Beginne mit der größten Zahl.

a) 4 389, ~~5 782~~, 4 037, 5 164, 4 956, 5 081, 4 872

5782 > ____________________

b) 3 968, 3 869, 3 666, 3 099, 3 690, 3 696, 3 680

____

5

a) [>]

4 280, 5 390, 3 670, 9 530, ~~7 610~~, 8 460, 2 450, ~~3 320~~

7610 > 3320

\>

\>

\>

b) [<]

2 332, 2 303, 3 320, 3 232, 2 233, 2 323, 3 223, 3 322

<

____

____

____

6

a) Die Zahl liegt fünf 1 000er-Schritte vor 10 000. ______

b) Die Zahl liegt sieben 100er-Schritte nach 2 300. ______

c) Die Zahl liegt in der Mitte von 2 700 und 3 300. ______

Nachbarzahlen

Datum ____________

1 Welche Zahlen sind es?
Schreibe die Nachbarzehner (NZ) auf. Welcher NZ liegt näher? Kreise ihn ein.

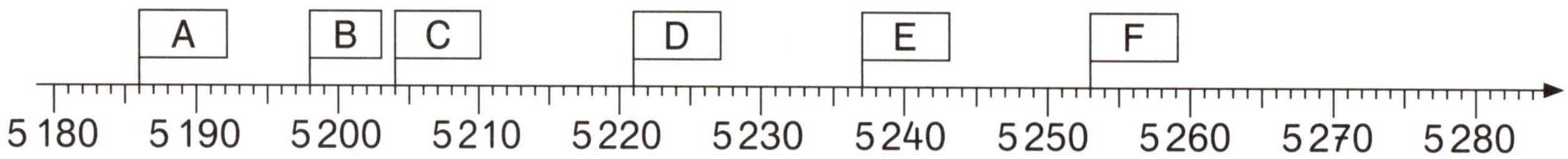

NZ	Zahl	NZ
5180	A: 5186	(5190)
	B:	
	C:	

NZ	Zahl	NZ
	D:	
	E:	
	F:	

2 Schreibe beide Nachbarzehner auf. Welcher liegt näher? Kreise ihn ein.

NZ	Zahl	NZ
	2561	
	3107	
	4996	
	9242	

NZ	Zahl	NZ
	8064	
	7003	
	4379	
	5648	

3 Sprünge zu den Nachbarzehnern.

a) 5382 + ___ = 5390
5382 − ___ = 5380

b) 9728 + ___ = 9730
9728 − ___ = 9720

c) 3604 + ___ = ______
3604 − ___ = ______

d) 2045 + ___ = ______
2045 − ___ = ______

e) 6007 + ___ = ______
6007 − ___ = ______

f) 8291 + ___ = ______
8291 − ___ = ______

4 Sprünge zu den Nachbarzehnern.

a) 8273	b) 9058	c) 5106	d) 1994
3657	2742	6921	7009
4183	6947	1894	5011

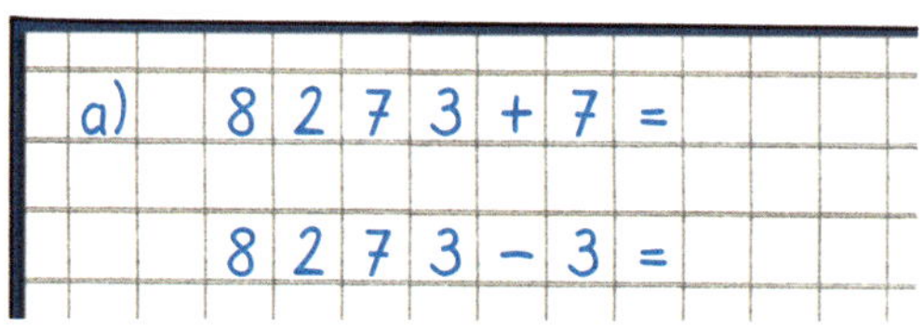

Nachbarzahlen

Datum

1 Welche Zahlen sind es?
Schreibe die Nachbarhunderter (NH) auf. Welcher NH liegt näher? Kreise ihn ein.

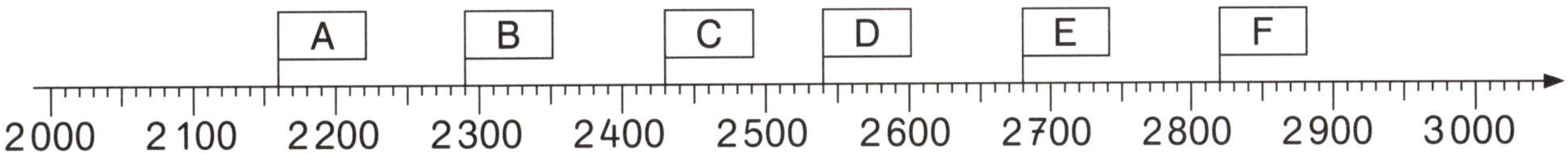

NH	Zahl	NH
2100	A: 2160	(2200)
	B:	
	C:	

NH	Zahl	NH
	D:	
	E:	
	F:	

2 Schreibe beide Nachbarhunderter auf. Welcher liegt näher? Kreise ihn ein.

NH	Zahl	NH
	3264	
	6371	
	9205	
	5929	

NH	Zahl	NH
	4099	
	5555	
	6003	
	6408	

3 Sprünge zu den Nachbarhundertern.

a) 6140 + ____ = 6200
6140 − ____ = 6100

b) 4530 + ____ = 4600
4530 − ____ = 4500

c) 7350 + ____ = ____
7350 − ____ = ____

d) 1270 + ____ = ____
1270 − ____ = ____

e) 2010 + ____ = ____
2010 − ____ = ____

f) 8920 + ____ = ____
8920 − ____ = ____

4 Sprünge zu den Nachbarhundertern.

a)	b)	c)	d)
4280	6190	7530	2340
3760	9210	5670	8120
1890	3270	3160	9480

a) 4280 + 20 =
4280 − 80 =

Nachbarzahlen

Datum ______

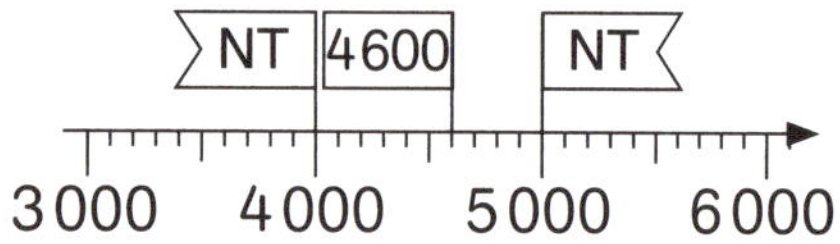

1 Schreibe beide Nachbartausender (NT) auf. Welcher NT liegt näher? Kreise ihn ein.

NT	Zahl	NT
(7000)	7300	8000
	4800	
	3420	
	6710	
	9390	

NT	Zahl	NT
	2501	
	1936	
	5342	
	7615	
	8499	

2 Sprünge zu den Nachbartausendern.

a) 6500 + ______ = 7000 b) 4700 + ______ = ______ c) 9300 + ______ = ______
6500 − ______ = 6000 4700 − ______ = ______ 9300 − ______ = ______

3 Sprünge zu den Nachbartausendern.

a) 8400	b) 6800	c) 2700	d) 9300
5100	1500	7200	4600
4200	3600	8500	6700

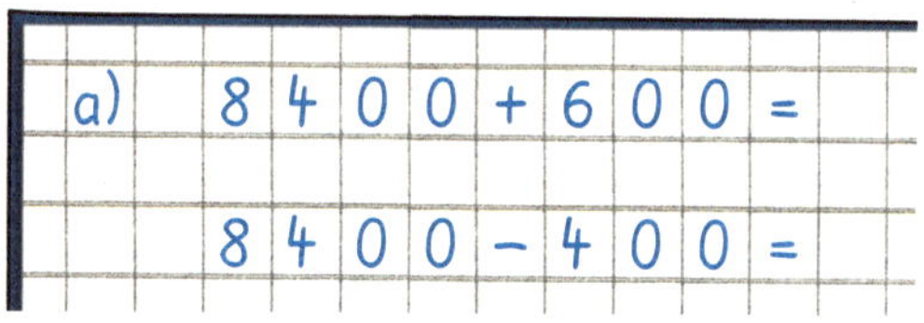

4 Vor oder zurück zum Nachbartausender. Schreibe in dein Heft.

a) 4700 + ___ = 5000 b) 7800 − ___ = 7000 c) 8300 + ___ = ___ d) 5400 − ___ = ___
2300 + ___ = 3000 9100 − ___ = 9000 1200 + ___ = ___ 6400 + ___ = ___
5600 + ___ = 6000 6500 − ___ = 6000 3600 − ___ = ___ 8700 − ___ = ___

5 Trage die Nachbarzahlen ein.

NT	NH	NZ	V	Zahl	N	NZ	NH	NT
4000	4200	4280	4282	4283	4284	4290	4300	5000
				8914				
				1572				
				3460				
				7018				
				6309				
				5007				

Nachbarzahlen

Datum ______

1 Vor und zurück. Erst zum Nachbarhunderter, dann zum Nachbartausender.

a) 7420   2380   b) 9550   5810   c) 1870   3240   d) 4130   6790

e) 8150   6070   f) 4990   2660   g) 3020   7750   h) 1380   5530

a) 7420 + 80 + 500 =
7420 − 20 − 400 =

2 Vor und zurück. Erst zum Nachbarzehner, dann zum Nachbarhunderter und zum Schluss zum Nachbartausender.

a) 7437 + 3 + 60 + 500 = 8000
7437 − ____ − ____ − ____ = 7000

b) 2765 + ____ + ____ + ____ = 3000
2765 − ____ − ____ − ____ = 2000

c) 5613 + ____ + ____ + ____ = 6000
5613 − ____ − ____ − ____ = 5000

d) 9241 + ____ + ____ + ____ = 10000
9241 − ____ − ____ − ____ = 9000

3 Vor und zurück. Erst zum Nachbarzehner, dann zum Nachbarhunderter und zum Schluss zum Nachbartausender.

a) 6283   3435   b) 1672   7351   c) 5127   2846   d) 8612   4534

a) 6283 + 7 + 10 + 700 =
6283 − 3 − 80 − 200 =

4

a) Der nächste Nachbartausender heißt 5000 und ist um 350 größer als die Zahl. ______

b) Der nächste Nachbarhunderter heißt 6200 und ist um 34 kleiner als die Zahl. ______

c) Der eine Nachbarzehner heißt 3270 und ist um 9 kleiner als die Zahl. ______

5

a) Die beiden Nachbarzehner sind 1420 und 1440. ______

b) Die Zahl hat vier gleiche Ziffern. Der größere Nachbartausender ist 9000. ______

c) Die Zahl hat vier gleiche Ziffern. Der kleinere Nachbarhunderter ist 4400. ______

Rechnen bis 10 000

___
Datum

1

a) 400 + 700 = ___
800 + 300 = ___
700 + 500 = ___

b) 300 + 900 = ___
600 + 700 = ___
900 + 400 = ___

c) 1 300 + 900 = ___
1 700 + 400 = ___
1 800 + 500 = ___

d) 4 700 + 500 = ___
8 300 + 900 = ___
6 600 + 700 = ___

e) 2 500 + 600 = ___
5 400 + 900 = ___
7 300 + 800 = ___

2 Rechne erst die Aufgabe im Dach. Löse dann die anderen Aufgaben.

a) 2 800 + 700 = ___
2 850 + 700 = ___
2 865 + 700 = ___
2 877 + 700 = ___

b) 4 600 + 800 = ___
4 670 + 800 = ___
4 685 + 800 = ___
4 691 + 800 = ___

c) 7 500 + 900 = ___
7 520 + 900 = ___
7 531 + 900 = ___
7 578 + 900 = ___

3

a) 1 200 − 300 = ___
1 100 − 600 = ___
1 300 − 400 = ___

b) 1 500 − 700 = ___
1 200 − 800 = ___
1 400 − 900 = ___

c) 2 400 − 600 = ___
3 100 − 900 = ___
5 200 − 800 = ___

d) 4 500 − 700 = ___
7 300 − 600 = ___
2 600 − 800 = ___

e) 6 200 − 500 = ___
5 100 − 400 = ___
4 300 − 900 = ___

4

a) 3 200 − 500 = ___
3 210 − 500 = ___
3 261 − 500 = ___
3 293 − 500 = ___

b) 8 300 − 600 = ___
8 340 − 600 = ___
8 343 − 600 = ___
8 357 − 600 = ___

c) 5 400 − 800 = ___
5 430 − 800 = ___
5 465 − 800 = ___
5 497 − 800 = ___

5 Zweimal 6 Aufgaben. Schreibe in dein Heft.

a)

2 830	4 570	3 620	+	700	800

b)

4 340	5 410	3 160	−	900	500

Rechnen bis 10 000

Datum ____________

1

a) 4000 + 3000 = ______
4000 + 3500 = ______
4000 + 3570 = ______
4000 + 3578 = ______

b) 2 100 + 5 000 = ______
2 100 + 5 700 = ______
2 100 + 5 730 = ______
2 100 + 5 736 = ______

c) 3 470 + 2 000 = ______
3 470 + 2 300 = ______
3 470 + 2 310 = ______
3 470 + 2 318 = ______

2

a) 8 000 − 4 000 = ______
8 000 − 4 500 = ______
8 000 − 4 510 = ______
8 000 − 4 514 = ______

b) 7 600 − 2 000 = ______
7 600 − 2 400 = ______
7 600 − 2 460 = ______
7 600 − 2 465 = ______

c) 6 970 − 3 000 = ______
6 970 − 3 600 = ______
6 970 − 3 620 = ______
6 970 − 3 625 = ______

3 Schreibe in dein Heft.

a) 4 500 + 3 200
8 200 + 1 500
2 100 + 4 800

b) 1 900 + 4 800
4 700 + 2 600
6 500 + 1 700

c) 8 700 − 2 500
6 400 − 5 200
7 600 − 4 300

d) 4 200 − 2 700
9 300 − 5 600
8 400 − 6 800

4

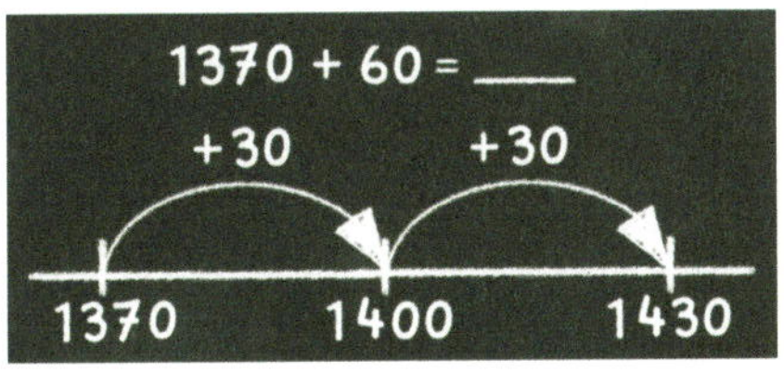

a) 1 460 + 80 = ______
4 370 + 40 = ______
3 490 + 40 = ______
9 760 + 60 = ______

b) 3 590 + 30 = ______
2 680 + 50 = ______
6 540 + 70 = ______
5 960 + 90 = ______

5

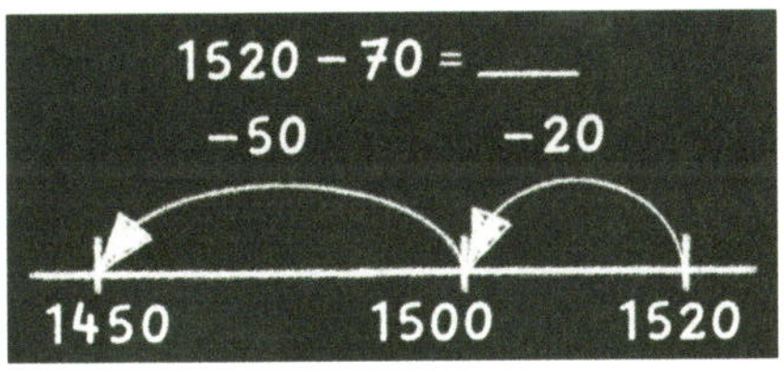

a) 1 720 − 50 = ______
4 260 − 80 = ______
9 120 − 60 = ______
5 650 − 80 = ______

b) 2 460 − 80 = ______
6 750 − 70 = ______
8 540 − 90 = ______
8 030 − 50 = ______

6 Zweimal 6 Aufgaben. Schreibe in dein Heft.

a)

7 160	2650	8270	+	60	90

b)

5920	3640	6830	−	80	50

7

+	50	500	5 000
4 230			
3 870			

−	50	500	5 000
7 860			
8 930			

Rechnen bis 10 000

Datum

1 Über den Hunderter.

a) 1697 + 5 =
3496 + 8 =
4198 + 6 =
6397 + 4 =

b) 5298 + 7 =
8197 + 6 =
5895 + 9 =
5296 + 7 =

2

a) 1503 − 6 =
8401 − 3 =
2103 − 6 =
2602 − 7 =

b) 6702 − 7 =
9204 − 8 =
3704 − 6 =
5301 − 5 =

3 Über den Tausender. Schreibe in dein Heft.

2998 … 3000 … 3004

a)	b)	c)	d)
2998 + 6	6998 + 7	5996 + 7	1998 + 5
5997 + 4	7999 + 6	3997 + 9	7997 + 6
8999 + 5	4997 + 7	4998 + 6	8999 + 3

4

7002 … 7000 … 6998

a)	b)	c)	d)
7002 − 4	6002 − 8	2005 − 6	6005 − 8
9004 − 9	1001 − 6	3001 − 8	7001 − 9
3004 − 7	5003 − 9	4002 − 7	5004 − 6
8001 − 5	9007 − 9	5003 − 5	8002 − 7

5 Wie rechnest du die Aufgabe?

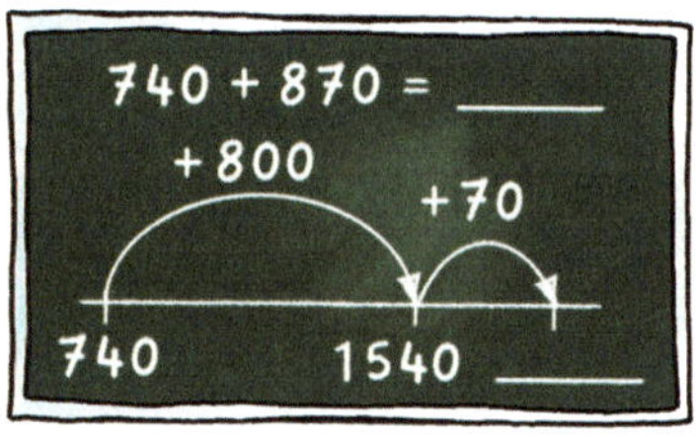

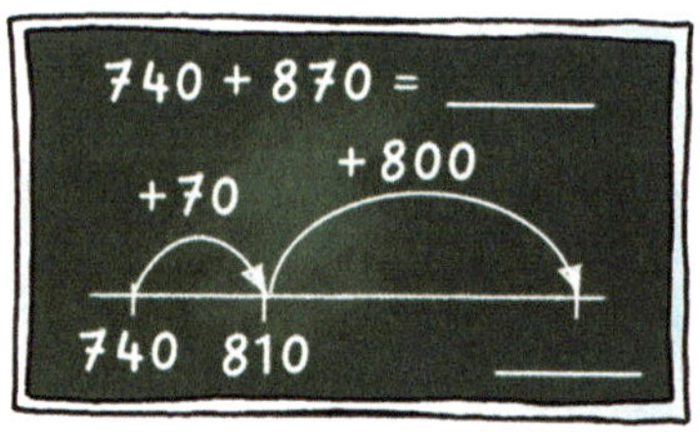

740 + 870 =

6 Rechne auf deinem Weg.

a) 560 + 690 =

b) 350 + 980 =

7 Rechne auf deinem Weg. Schreibe in dein Heft.

a)	b)	c)	d)	e)
740 + 870	550 + 680	640 + 890	730 + 490	970 + 340
470 + 930	630 + 790	560 + 750	840 + 580	590 + 950
850 + 460	860 + 670	980 + 680	460 + 950	730 + 890

Rechnen bis 10 000

Datum ____________

1 Wie rechnest du die Aufgabe?

1 3 4 0 − 5 7 0 =

2 Rechne auf deinem Weg.

a) 1 5 2 0 − 8 3 0 =

b) 1 1 3 0 − 4 5 0 =

3 Rechne auf deinem Weg. Schreibe in dein Heft.

a)	b)	c)	d)	e)
1 240 − 470	1 410 − 740	1 630 − 950	1 520 − 750	1 720 − 940
1 560 − 880	1 120 − 360	1 460 − 670	1 360 − 890	1 260 − 470
1 230 − 450	1 450 − 780	1 740 − 880	1 250 − 560	1 410 − 560

4 Rechne geschickt im Kopf.

a) 7 480 − 690 = ______
5 240 − 790 = ______
2 530 − 890 = ______
8 360 − 690 = ______

b) 8 720 − 690 = ______
4 680 − 390 = ______
5 960 − 290 = ______
6 170 − 990 = ______

5

Rechne geschickt.

a) 8 720 + 390 = ______
5 840 + 690 = ______
2 470 + 890 = ______
6 550 + 790 = ______

b) 2 670 + 390 = ______
4 280 + 790 = ______
5 840 + 590 = ______
4 680 + 490 = ______

6

+	630	740	490
540			
870			

−	450	630	560
1380			
1250			

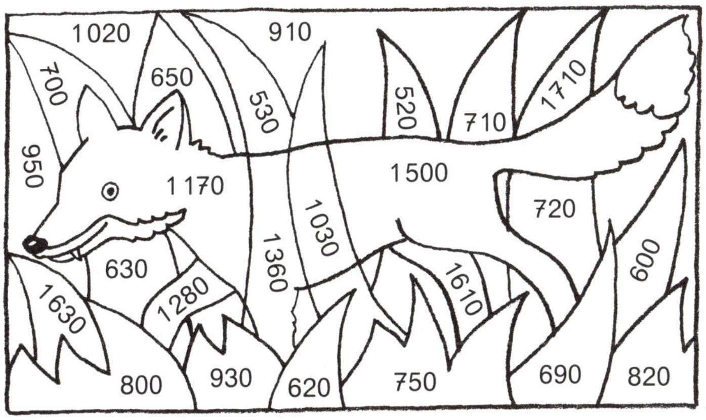

Rechnen bis 10000

Datum

1 Schreibe stellengerecht untereinander und addiere schriftlich.

a) 3529 + 6094 b) 4708 + 685 c) 764 + 8381 d) 2076 + 5324 e) 4097 + 3304

$$\begin{array}{r} 3529 \\ +\,6094 \\ \hline \end{array}$$

2 Addiere schriftlich in deinem Heft. Alle Ergebnisse haben die Quersumme 22.

a)	b)
5287 + 4365	3655 + 2874
8132 + 1673	1482 + 2455
4095 + 2542	5176 + 3198
2749 + 1935	1887 + 5371

3 Schreibe stellengerecht untereinander und subtrahiere schriftlich.

a) 6593 − 4638 b) 9041 − 7329 c) 3275 − 897 d) 8407 − 7518 e) 7800 − 3957

$$\begin{array}{r} 6593 \\ -\,4638 \\ \hline \end{array}$$

4 Subtrahiere schriftlich in deinem Heft. Alle Ergebnisse haben die Quersumme 13.

a)	b)	c)	d)
6283 − 4965	8940 − 2816	6484 − 3672	9357 − 6842
7824 − 3761	6319 − 3615	8951 − 2836	4398 − 2576

5 Überschlage zuerst, dann rechne schriftlich. Schreibe in dein Heft.

a)	b)	c)	d)	e)
4287 + 3654	9126 − 4827	3271 + 4952	8392 − 634	3195 + 4693
795 + 1876	6315 − 681	7124 − 5279	4917 + 823	8543 − 6274
5721 + 834	8057 − 796	153 + 6927	1634 + 3582	5984 − 865

6 Klecksaufgaben. Welche Ziffern fehlen?

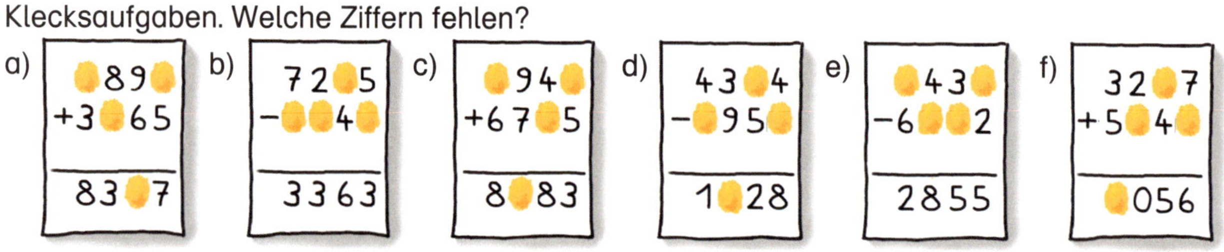

7 Addiere schriftlich in deinem Heft.

a)	b)	c)
2713 + 3241 + 1834	5398 + 439 + 2472	2372 + 1659 + 4514
3483 + 2519 + 2843	827 + 4623 + 1928	1289 + 953 + 3457

Datum ____________

1 Subtrahiere schriftlich in deinem Heft und überprüfe mit einer Probe.

a)	b)	c)	d)	e)
8273 − 5104	7042 − 5836	9305 − 7852	4825 − 2194	8162 − 6348
6815 − 4367	5637 − 2934	6748 − 1985	7136 − 4527	5354 − 2719

2 Vier Ergebnisse sind falsch.
Finde die Fehler und schreibe die Aufgaben richtig auf.

a)	b)	c)	d)	e)
5284	4018	6415	5763	8293
+ 3583	+ 2562	− 2843	+ 3506	− 6666
8767	6580	4632	9269	1627

f)	g)	h)	i)
6283	6351	1347	2671
− 4726	− 2864	+ 8256	+ 6388
2563	3487	9603	9057

3 Welche Aufgaben rechnest du im Kopf? Kreuze an.
Löse die übrigen Aufgaben schriftlich in deinem Heft.

a)	b)	c)
☐ 3845 + 990 = ____	☐ 10000 − 5284 = ____	☐ 6372 − 590 = ____
☐ 4382 − 1563 = ____	☐ 5042 − 4993 = ____	☐ 4200 + 3020 = ____
☐ 6597 + 2348 = ____	☐ 7358 + 2964 = ____	☐ 7030 − 4706 = ____
☐ 8192 − 1999 = ____	☐ 6275 − 4586 = ____	☐ 3542 + 6458 = ____
☐ 2463 + 4120 = ____	☐ 2998 + 4444 = ____	☐ 8527 − 4312 = ____

4

a) Der Subtrahend ist 3296. Der Minuend ist 6042. Wie heißt die Differenz?

b) Der Subtrahend ist 5402. Die Differenz ist 2748. Wie heißt der Minuend?

c) Die Differenz ist 4716. Der Minuend ist 7807. Wie heißt der Subtrahend?

Das kann ich jetzt

Datum ______

1 Wie heißt die Zahl?

a) 5T + 6H + 7Z + 3E

5000 + 600 + 70 + 3 = 5673

b) 5E + 9T

______

c) 2T + 8H + 4Z + 9E

______

d) 3T + 8H

______

e) 4H + 3T + 6E + 2Z

______

f) 5T + 6Z

______

g) 7E + 5H + 9Z + 6T

______

h) 4H + 8T

______

2 Welche Zahlen sind es?

a)

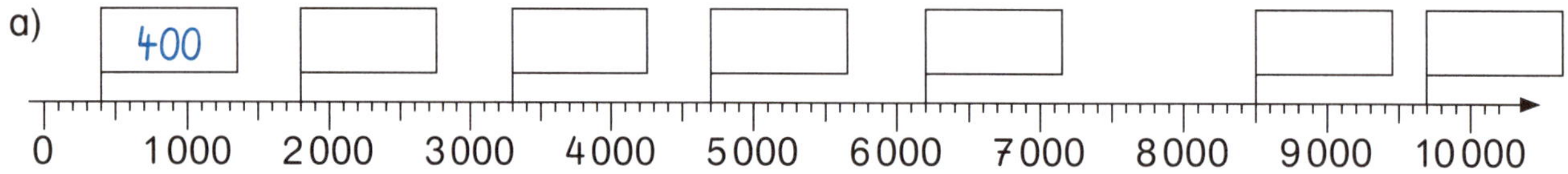

b)

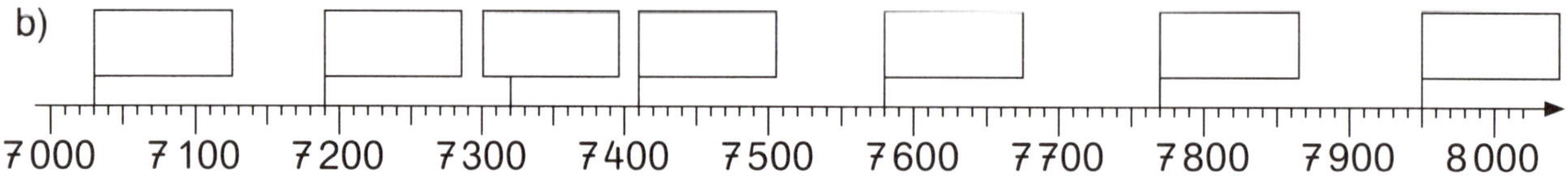

3 Setze ein: (<), (>), (=)

a) 5432 ◯ 5423
8916 ◯ 9816

b) 1994 ◯ 3005
6349 ◯ 6342

c) 7058 ◯ 7580
2419 ◯ 2419

d) 3199 ◯ 3901
4273 ◯ 4723

4 Trage die Nachbarhunderter (NH) ein.
Welcher NH liegt näher? Kreise ihn ein.

NH	Zahl	NH
	6574	
	1953	
	2681	
	4217	
	7365	
	8436	

5 Trage die Nachbartausender (NT) ein.
Welcher NT liegt näher? Kreise ihn ein.

NT	Zahl	NT
	5283	
	4627	
	8549	
	6194	
	3952	
	9187	

6 Sprünge zu den Nachbartausendern.

a) 7300 + ______ = 8000
7300 − ______ = 7000

b) 3400 + ______ = ______
3400 − ______ = ______

c) 5500 + ______ = ______
5500 − ______ = ______

Das kann ich jetzt

Datum ___

1

a) 1600 + 500 = ___
1850 + 700 = ___
1736 + 400 = ___

b) 2700 + 600 = ___
4320 + 800 = ___
3826 + 500 = ___

c) 6589 + 700 = ___
2716 + 500 = ___
8472 + 900 = ___

2

a) 1300 − 800 = ___
1280 − 400 = ___
1142 − 500 = ___

b) 1530 − 600 = ___
1725 − 900 = ___
1216 − 400 = ___

c) 1347 − 800 = ___
1408 − 700 = ___
1253 − 300 = ___

3

a) 4750 + 80 = ___
8670 + 60 = ___
2190 + 70 = ___

b) 3240 + 60 = ___
7060 + 70 = ___
8090 + 30 = ___

c) 5130 + 90 = ___
4920 + 80 = ___
9350 + 80 = ___

4

a) 4130 − 50 = ___
7510 − 70 = ___
8640 − 80 = ___

b) 7320 − 40 = ___
8070 − 90 = ___
6940 − 60 = ___

c) 3010 − 50 = ___
4850 − 90 = ___
6120 − 80 = ___

5

a) 4497 + 8 = ___
6395 + 7 = ___

b) 8998 + 5 = ___
2999 + 6 = ___

c) 3993 + 9 = ___
5996 + 7 = ___

6

a) 5203 − 8 = ___
7802 − 7 = ___

b) 9001 − 6 = ___
3003 − 9 = ___

c) 8002 − 7 = ___
4006 − 8 = ___

7 Rechne auf deinem Weg. Schreibe in dein Heft.

a) 630 + 880
540 + 790

b) 470 + 940
650 + 770

c) 1480 − 690
1530 − 780

d) 1260 − 580
1340 − 670

e) 1620 − 950
1430 − 680

8 Schreibe stellengerecht untereinander und rechne schriftlich.

a) 3814 + 4189

a)
  3814
+ 4189

b) 5907 + 3283

c) 786 + 2537

d) 7084 + 2739

e) 6723 − 3569

e)
  6723
− 3569

f) 7032 − 6729

g) 3801 − 2965

h) 9341 − 867

Zahlen bis 100 000

Datum ____________

10 000	20 000	30 000	40 000	50 000
zehntausend	zwanzigtausend	dreißigtausend	vierzigtausend	fünfzigtausend

1 Flo fädelt Perlen auf. Eine Perle ist 1 cm groß. Wie lang wäre eine Kette mit 100 000 Perlen?

Anzahl der Perlen	1	100	1 000	10 000	20 000	30 000	40 000	50 000	100 000
Länge der Kette	1 cm	1 m							

2

100 000
- 10 000 +
- 30 000 +
- 50 000 +

50 000
- 10 000 +
- 20 000 +
- 25 000 +

70 000
- 20 000 +
- 30 000 +
- 35 000 +

3

a) 10 000 + 70 000 = ______
40 000 + 50 000 = ______
60 000 + 20 000 = ______

b) 30 000 + 30 000 = ______
40 000 + 20 000 = ______
80 000 + 10 000 = ______

4

a) 100 000 − 40 000 = ______
100 000 − 30 000 = ______
100 000 − 80 000 = ______

b) 60 000 − 40 000 = ______
90 000 − 50 000 = ______
70 000 − 30 000 = ______

5 Immer 100 000.

a) 100 000 = ______ · 1000
100 000 = ______ · 100
100 000 = ______ · 10

b) 100 000 = ______ · 2000
100 000 = ______ · 5000
100 000 = ______ · 2500

c) 100 000 = 2 · ______
100 000 = 5 · ______
100 000 = 4 · ______

Zahlen bis 100 000

Datum

60 000	70 000	80 000	90 000	100 000
sechzigtausend	siebzigtausend	achtzigtausend	neunzigtausend	einhunderttausend

1 Schreibe wie Flex.

a)

HT	ZT	T	H	Z	E
	4	3	2	8	1

=

b)

HT	ZT	T	H	Z	E
	2	4	0	3	5

c)

HT	ZT	T	H	Z	E
	8	0	4	3	7

d)

HT	ZT	T	H	Z	E
	1	0	0	7	9

e)

HT	ZT	T	H	Z	E
	5	7	3	0	0

f)

HT	ZT	T	H	Z	E
	3	4	0	9	7

g)

HT	ZT	T	H	Z	E
	5	0	9	3	0

h)

HT	ZT	T	H	Z	E
	9	9	0	9	0

Zahlen bis 100 000

Datum ____________

1 Übertrage in die Stellentafel und schreibe als Zahl.

	HT	ZT	T	H	Z	E	
4ZT + 5T + 1H + 7Z + 3E		4	5	1	7	3	45 173
5ZT + 6T + 7H + 2Z + 8E							
3ZT + 5T + 2H + 1Z							
2ZT + 1T + 6H + 5Z + 4E							
9ZT + 3H + 4Z							
7ZT + 3H + 4Z + 9E							
1ZT + 4H + 3Z + 5E							
4ZT + 2T + 3H + 6E							
8ZT + 5H + 7Z							

2 Schreibe als Zahl.

a) 30 000 + 5 000 + 200 + 70 + 9 = 35 279
20 000 + 7 000 + 400 + 30 + 8 = ____
80 000 + 6 000 + 500 + 20 + 1 = ____
50 000 + 3 000 + 600 + 80 + 4 = ____
60 000 + 2 000 + 100 + 40 + 5 = ____

b) 40 000 + 8 000 + 20 + 6 = ____
10 000 + 4 000 + 60 + 3 = ____
70 000 + 300 + 40 + 2 = ____
30 000 + 7 000 + 5 = ____
50 000 + 900 + 1 = ____

3 Welche Zahl ist es?

a) 30 000 + 5 000 + 600 + 7 = ____
40 000 + 3 000 + 50 + 6 = ____
90 000 + 800 + 70 + 6 = ____
50 000 + 7 000 + 200 + 2 = ____
80 000 + 4 000 + 70 = ____

b) 40 000 + 200 + 70 + 3 = ____
10 000 + 600 + 30 + 5 = ____
70 000 + 2 000 + 5 = ____
60 000 + 4 000 + 30 = ____
20 000 + 500 + 20 = ____

4 Nun umgekehrt. Zerlege die Zahlen.

a) 41 327 = 40 000 + 1000 + 300 + 20 + 7
94 658 = ____
13 097 = ____
50 731 = ____
46 309 = ____

b) 70 038 = ____
65 003 = ____
34 700 = ____
10 307 = ____
99 098 = ____

Zahlen bis 100 000

Datum ______

1 Ergänze die fehlenden Zehntausender, Tausender, Hunderter, Zehner oder Einer.

a) 84 356 = 80 000 + 4 000 + ______ + 50 + ______
57 893 = ______ + ______ + 800 + 90 + 3
26 485 = 20 000 + 6 000 + ______ + 80 + ______
65 729 = ______ + 5 000 + ______ + 20 + 9

b) 42 738 = 40 000 + ______ + 700 + ______ + 8
67 591 = ______ + ______ + 500 + 90 + 1
54 379 = ______ + 4 000 + 300 + ______ + 9
73 236 = 70 000 + 3 000 + ______ + 30 + ______

2

a) 30 000 + 8 = ______
30 000 + 80 = ______
30 000 + 800 = ______
30 000 + 8 000 = ______

b) 50 000 + 5 = ______
50 000 + 50 = ______
50 000 + 500 = ______
50 000 + 5 000 = ______

c) 70 000 + 9 = ______
70 000 + 90 = ______
70 000 + 900 = ______
70 000 + 9 000 = ______

d) 80 000 + 4 = ______
80 000 + 40 = ______
80 000 + 400 = ______
80 000 + 4 000 = ______

3 Wie heißt die Zahl,

a) wenn ein Plättchen an der Zehntausenderstelle dazugelegt wird?
b) wenn ein Plättchen an der Zehnerstelle dazugelegt wird?
c) wenn ein Plättchen von der Zehntausenderstelle weggenommen wird?
d) wenn ein Plättchen von der Tausenderstelle weggenommen wird?
e) wenn ein Plättchen von der Tausenderstelle an die Zehntausenderstelle gelegt wird?
f) wenn ein Plättchen von der Zehntausenderstelle an die Einerstelle gelegt wird?

A

HT	ZT	T	H	Z	E
	●●	●●●	●●●●●		●●●

a) 33 503 ______ b) ______
c) ______ d) ______
e) ______ f) ______

B

HT	ZT	T	H	Z	E
	●●●●●●	●	●●●	●●●●	

a) ______ b) ______
c) ______ d) ______
e) ______ f) ______

4 Welche Zahlen kannst du mit zwei Plättchen legen? Schreibe in dein Heft.

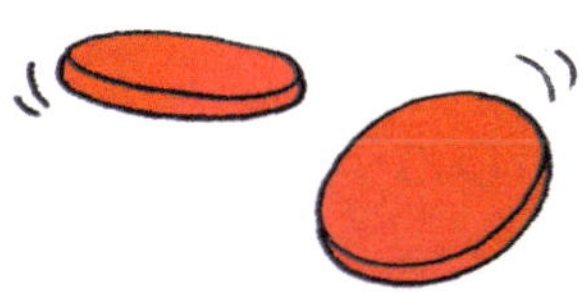

ZT	T	H	Z	E

Zahlen bis 1 000 000

Datum ____________

100 000	200 000	300 000	400 000	500 000
einhunderttausend	zweihunderttausend	dreihunderttausend	vierhunderttausend	fünfhunderttausend

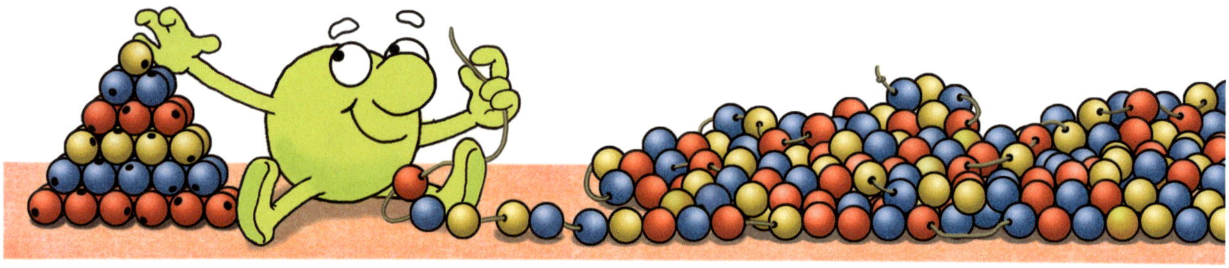

1 Wie lang wäre die Kette von Flo, wenn er 1 000 000 Perlen auffädeln würde?
Eine Perle ist 1 cm groß.

Anzahl der Perlen	1	100	100 000	200 000	400 000	500 000	1 000 000
Länge der Kette	1 cm	1 m					

2

1 000 000	500 000	800 000
900 000 +	100 000 +	200 000 +
600 000 +	250 000 +	300 000 +
100 000 +	450 000 +	550 000 +

3

a) 200 000 + 200 000 = ______
700 000 + 100 000 = ______
300 000 + 400 000 = ______

b) 600 000 + 300 000 = ______
100 000 + 500 000 = ______
350 000 + 350 000 = ______

4

a) 1 000 000 − 200 000 = ______
1 000 000 − 500 000 = ______
1 000 000 − 250 000 = ______

b) 900 000 − 700 000 = ______
600 000 − 450 000 = ______
700 000 − 650 000 = ______

5 Immer 1 000 000.

a) 1 000 000 = ______ · 100 000
1 000 000 = ______ · 10 000
1 000 000 = ______ · 1 000
1 000 000 = ______ · 100

b) 1 000 000 = 10 · ______
1 000 000 = 5 · ______
1 000 000 = 2 · ______
1 000 000 = 4 · ______

Zahlen bis 1 000 000

Datum ____________

600 000	700 000	800 000	900 000	1 000 000
sechshunderttausend	siebenhunderttausend	achthunderttausend	neunhunderttausend	eine Million

1 Wie heißt die Zahl? Schreibe wie Flex.

a)

M	HT	ZT	T	H	Z	E
	6	3	7	1	2	4

b)

M	HT	ZT	T	H	Z	E
	7	9	2	3	0	1

a) 6 HT + 3 ZT + 7 T + 1 H + 2 Z + 4 E

600 000 + 30 000 + 7 000 + 100 + 20 + 4 = 637 124

b) 7 HT + ____________

____

c)

M	HT	ZT	T	H	Z	E
	5	0	6	8	9	2

d)

M	HT	ZT	T	H	Z	E
	7	5	3	2	0	0

c) ____________

____

d) ____________

____

e)

M	HT	ZT	T	H	Z	E
	6	0	4	5	0	3

f)

M	HT	ZT	T	H	Z	E
1	2	0	3	0	0	7

e) ____________

____

f) ____________

____

2 Schreibe wie in Aufgabe 1 in dein Heft.

a)

M	HT	ZT	T	H	Z	E
	4	7	0	0	6	1

b)

M	HT	ZT	T	H	Z	E
	9	0	9	0	9	0

c)

M	HT	ZT	T	H	Z	E
2	0	6	0	0	3	0

Zahlen bis 1 000 000

Datum ____________

1 Übertrage in die Stellentafel und schreibe als Zahl.

	M	HT	ZT	T	H	Z	E	
4HT + 2ZT + 5T + 3H + 6Z + 1E								____________
5HT + 7ZT + 6T + 2H + 3Z + 4E								____________
3HT + 6ZT + 3T + 5H + 2Z								____________
5HT + 9ZT + 2T + 6H + 3Z + 8E								____________
7HT + 5T + 3H								____________
6HT + 7T + 5H + 4Z + 2E								____________

2 Trage in die Stellentafel ein.

a)

	M	HT	ZT	T	H	Z	E
423 579							
600 427							
957 603							
341 028							
729 350							

b)

	M	HT	ZT	T	H	Z	E
487 011							
50 807							
100 691							
252 014							
1 000 000							

3 Welche Zahl ist es?

a) 700 000 + 80 000 + 5 000 + 200 + 70 + 3 = 785 273

200 000 + 40 000 + 3 000 + 100 + 50 + 8 = ____________

500 000 + 90 000 + 2 000 + 400 + 30 + 1 = ____________

800 000 + 30 000 + 4 000 + 500 + 90 + 7 = ____________

b) 900 000 + 40 000 + 1 000 + 500 + 6 = ____________

300 000 + 60 000 + 900 + 3 = ____________

600 000 + 50 000 + 8 000 + 70 = ____________

400 000 + 7 000 + 600 + 20 + 4 = ____________

4 Nun umgekehrt. Zerlege die Zahlen.

378 562 = 300 000 + 70 000 + 8 000 + 500 + 60 + 2

504 328 = ____________

630 075 = ____________

706 030 = ____________

980 306 = ____________

707 070 = ____________

400 572 = ____________

Zahlen bis 1 000 000

Datum ____________

1

a) 400 000 + 8 = ______
400 000 + 80 = ______
400 000 + 800 = ______
400 000 + 8 000 = ______
400 000 + 80 000 = ______

b) 600 000 + 5 = ______
600 000 + 50 = ______
600 000 + 500 = ______
600 000 + 5 000 = ______
600 000 + 50 000 = ______

c) 900 000 + 6 = ______
900 000 + 60 = ______
900 000 + 600 = ______
900 000 + 6 000 = ______
900 000 + 60 000 = ______

d) 700 000 + 9 = ______
700 000 + 90 = ______
700 000 + 900 = ______
700 000 + 9 000 = ______
700 000 + 90 000 = ______

2 Immer drei gehören zusammen. Male mit gleicher Farbe an.

378 562
500 000 + 4 000 + 300 + 20 + 8
300 000 + 80 000 + 7 000 + 500 + 20 + 6
3 HT + 7 ZT + 8 T + 5 H + 6 Z + 2 E
5 ZT + 4 T + 2 H + 8 Z + 3 E
50 000 + 4 000 + 200 + 80 + 3
5 HT + 4 T + 3 H + 2 Z + 8 E
387 526
504 328
300 000 + 70 000 + 8 000 + 500 + 60 + 2
3 HT + 8 ZT + 7 T + 5 H + 2 Z + 6 E
54 283

3 Wie heißt die Zahl,

a) wenn ein Plättchen an der Hunderttausenderstelle dazugelegt wird?
b) wenn ein Plättchen an der Tausenderstelle dazugelegt wird?
c) wenn ein Plättchen von der Tausenderstelle weggenommen wird?
d) wenn ein Plättchen von der Tausenderstelle an die Hunderterstelle gelegt wird?
e) wenn zwei Plättchen von der Einerstelle an die Hunderterstelle gelegt werden?
f) wenn ein Plättchen von der Zehntausenderstelle an die Millionenstelle gelegt wird?
g) wenn ein Plättchen von der Hunderttausenderstelle an die Zehntausenderstelle gelegt wird?

A

M	HT	ZT	T	H	Z	E
	●●●●●	●●	●●●●	●●●	●●●●●●●	●●●●●●●●

B

M	HT	ZT	T	H	Z	E
	●●●	●●●●●●●●●	●		●●●	●●

Zahlenstrahl

Datum ____________

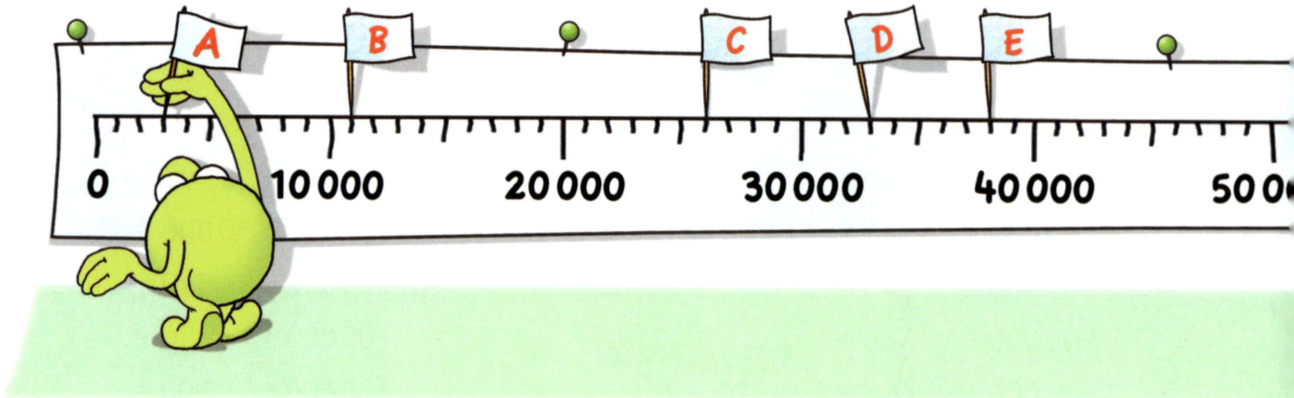

1 Bei welchen Zahlen stehen die Fähnchen?

A 3000   B ______   C ______   D ______   E ______

F ______   G ______   H ______   I ______   J ______

2 Welche Zahlen sind es? Schreibe in dein Heft.

a) 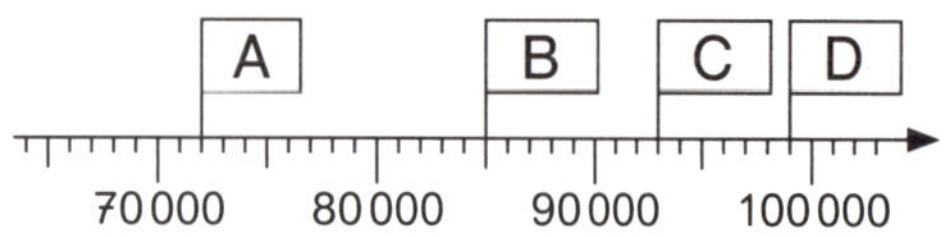

b) 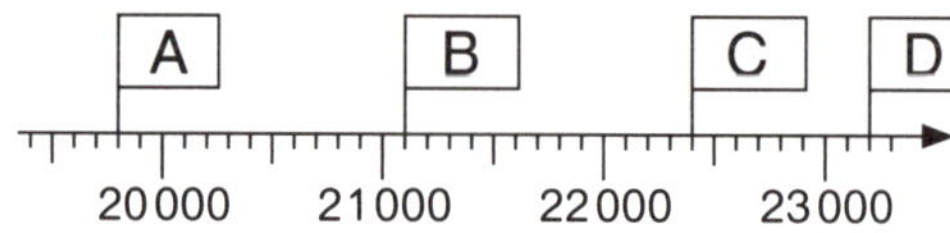

c) 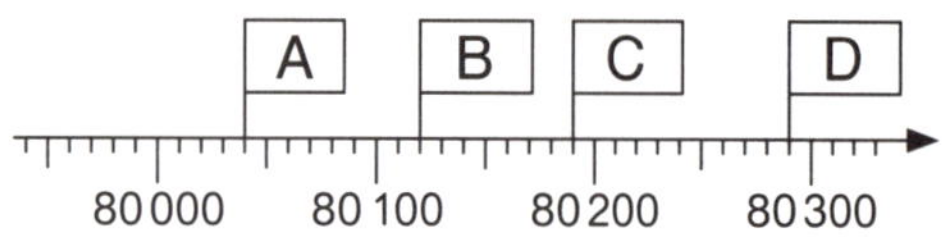

d) 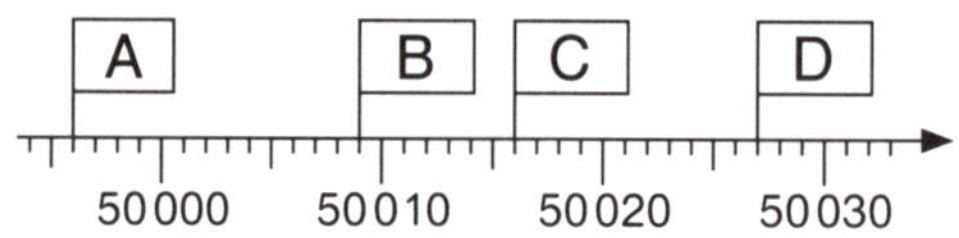

3 Welche Zahl ist genau in der Mitte? Trage sie ein.

a) 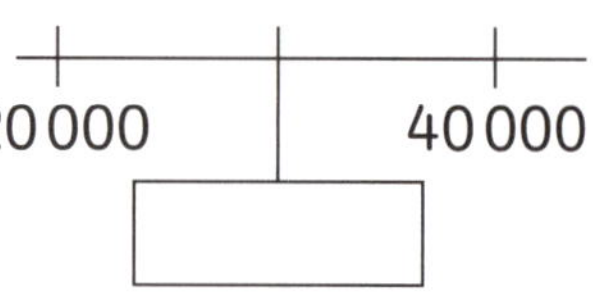

b) 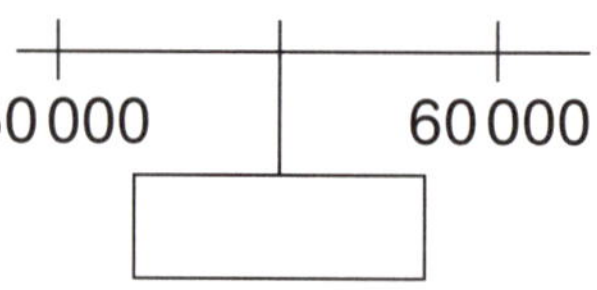

c) 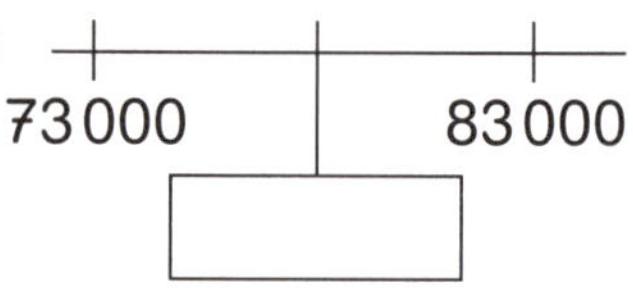

d) 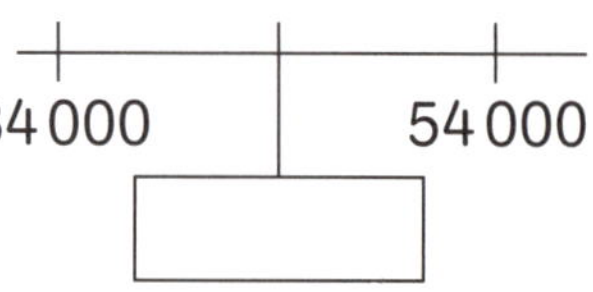

e) 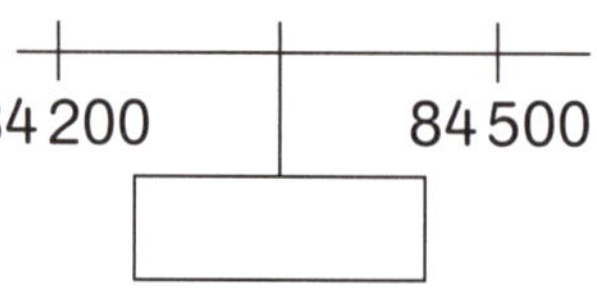

f) 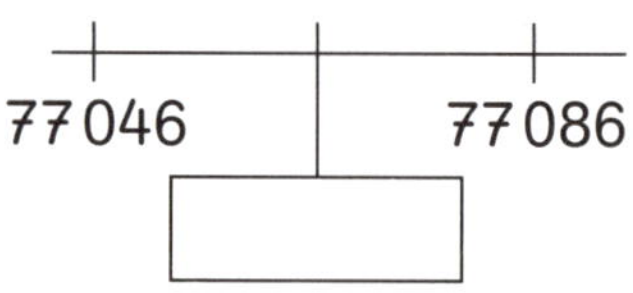

4

a) Die Zahl liegt genau in der Mitte zwischen 14 800 und 34 800.

b) Die Zahl liegt fünf 100er-Schritte vor 20 000.

c) Die Zahl liegt drei 1000er-Schritte hinter 40 800.

d) Die Zahl liegt sechs 100er-Schritte hinter 50 000.

e) Die Zahl liegt genau in der Mitte zwischen 76 814 und 96 814.

f) Die Zahl liegt vier 1000er-Schritte vor 65 000.

a) ______   b) ______   c) ______   d) ______   e) ______   f) ______

Zahlenstrahl

Datum ____________

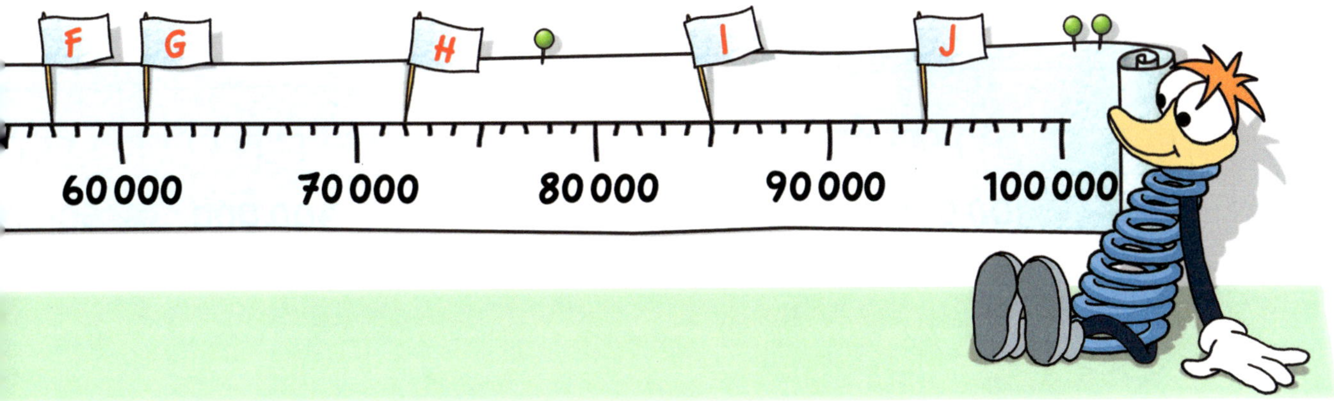

1 Trage diese Zahlen ein: 55 300, 59 100, 50 500, 57 500, 52 700

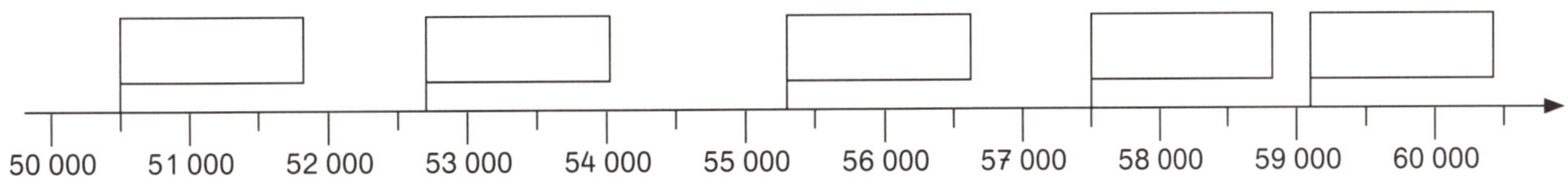

2 Wo sind diese Zahlen ungefähr? Zeichne sie ein.

a) 20000 ———————— 40000

25000 30000 35000

b) 70000 ———————— 90000

75000 80000 85000

c) 40000 ———————— 50000

42500 45000 47500

d) 90000 ———————— 100000

92000 95000 98000

3 Ordne der Größe nach. Beginne mit der kleinsten Zahl.

a) 45044, 54044, 40545, 40554, 50545, 45405

40545 <

b) 17968, 97867, 9876, 68999, 79669, 89767

c) 38083, 83803, 80808, 38308, 38883, 83008

4 Kleiner, größer oder gleich? Setze ein: (<), (>), (=)

a)	b)	c)
14205 ◯ 14305	89063 ◯ 99063	83645 ◯ 34684
63912 ◯ 63812	70871 ◯ 69988	78003 ◯ 78030
29047 ◯ 29047	54554 ◯ 45545	90781 ◯ 97081
94361 ◯ 94361	60700 ◯ 60070	63400 ◯ 63401

Zahlenstrahl

Datum

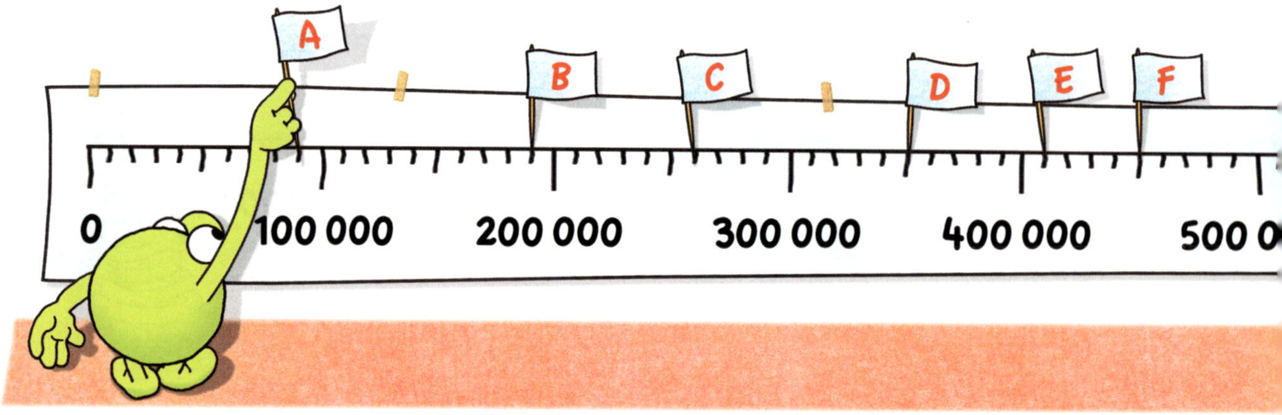

1 Bei welchen Zahlen stehen die Fähnchen von Flo?

A ________ B ________ C ________ D ________

E ________ F ________ G ________ H ________

I ________ J ________ K ________ L ________

2 Suche die Zahlen am Zahlenstrahl und zähle weiter. Schreibe in dein Heft.

a) 0, 50 000, 100 000, …, 250 000
1 000 000, 950 000, …, 750 000

b) 110 000, 120 000, …, 160 000
650 000, 640 000, …, 600 000

3 Welche Zahlen sind es? Schreibe in dein Heft.

a)
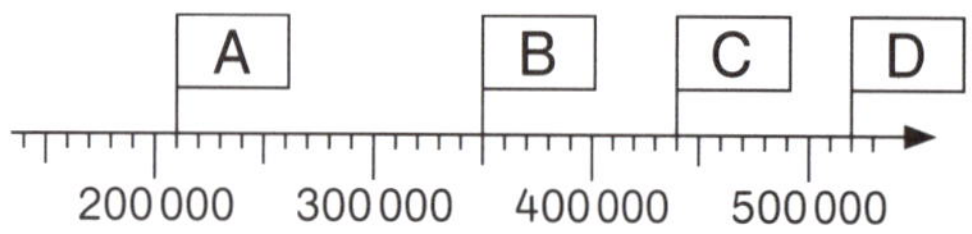

b)
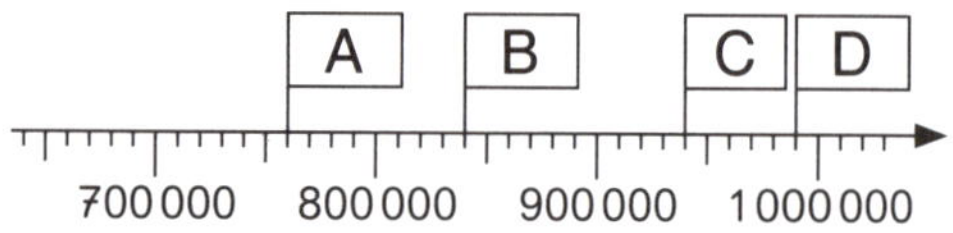

c)
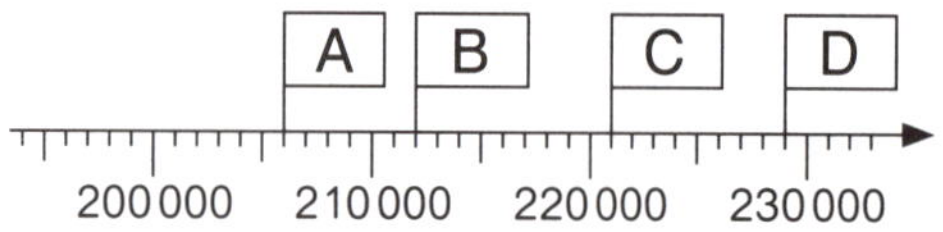

d)
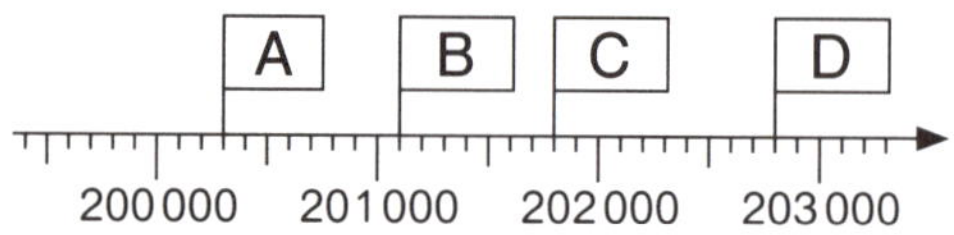

e)
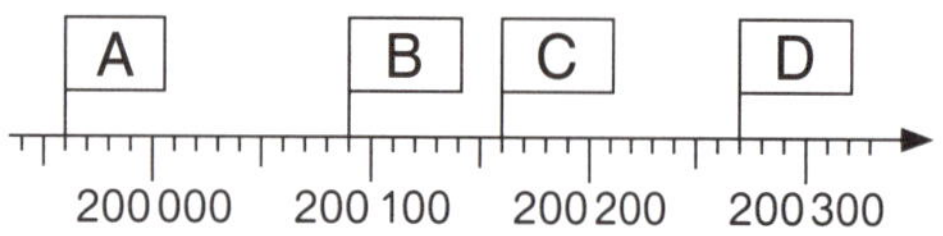

f)
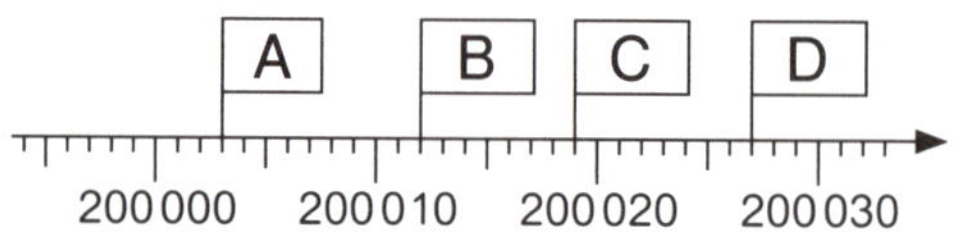

4 Welche Zahl ist genau in der Mitte? Trage sie ein.

a)
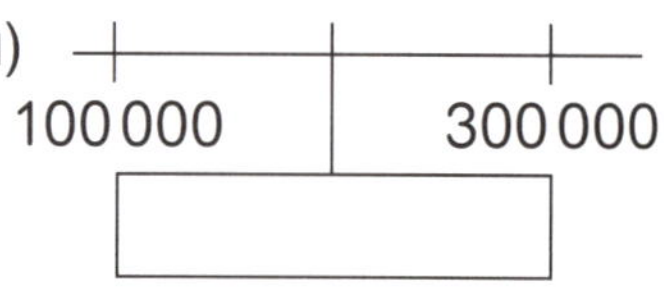

b)
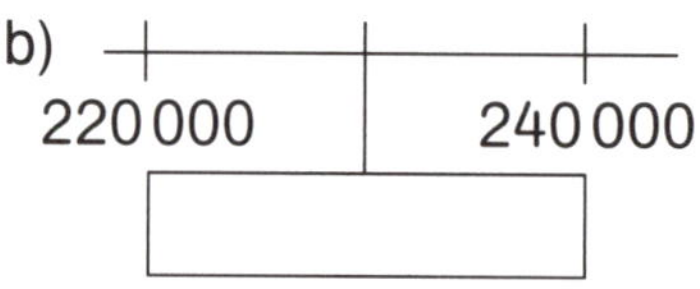

c)
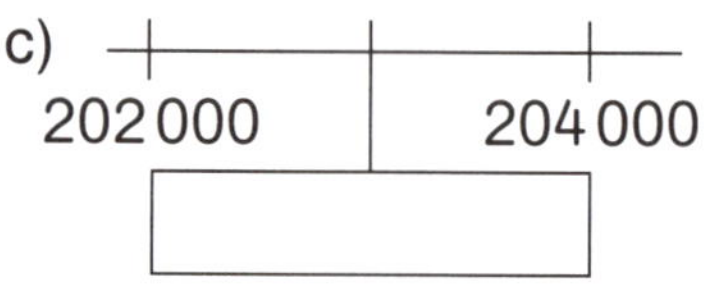

d)
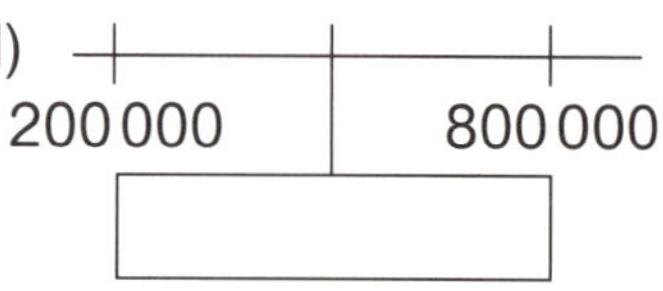

e)
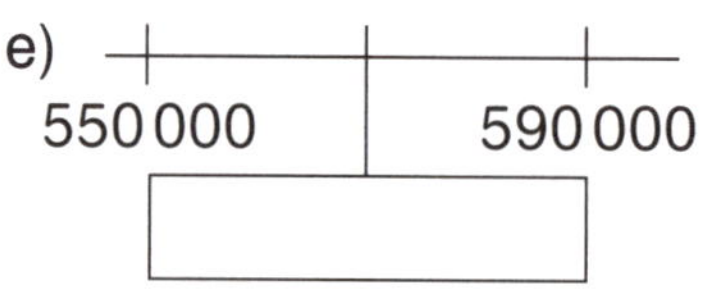

f)
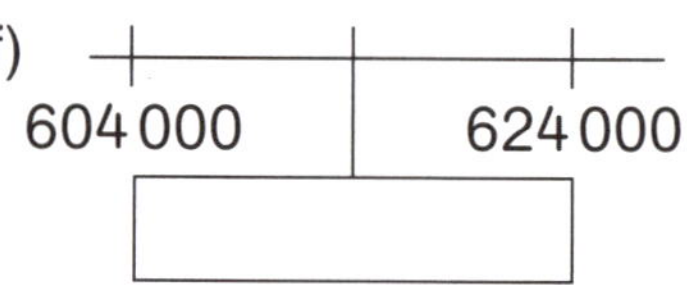

Zahlenstrahl

Datum ______

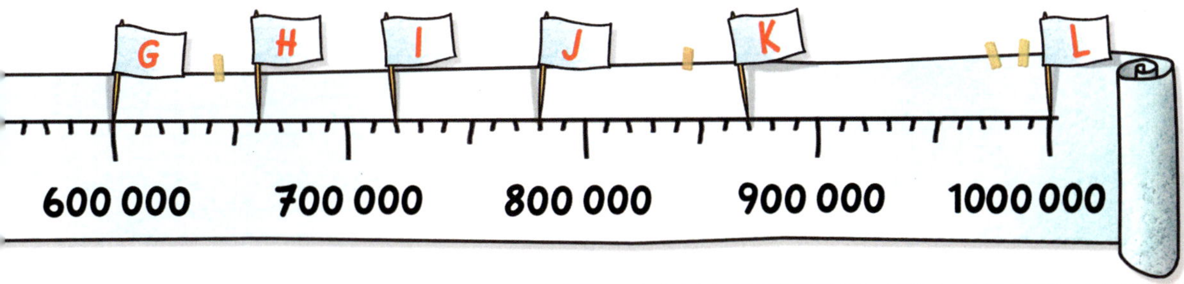

1 Welche Zahlen können es sein? Schreibe in dein Heft.

a) 100 000 [A] [B] [C] 300 000

b) 200 000 [A] [B] [C] 400 000

c) 500 000 [A] [B] [C] 700 000

d) 700 000 [A] [B] [C] 900 000

2

a) 300 000 [A] [B] [C] 400 000

b) 600 000 [A] [B] [C] 700 000

c) 700 000 [A] [B] [C] 800 000

d) 800 000 [A] [B] [C] 900 000

3 Ordne der Größe nach. Beginne mit der kleinsten Zahl.

a) 520 963, ~~502 693~~, 536 299, 563 996, 506 299

502 693 < ______________________________

b) 463 940, 406 399, 406 309, 463 000, 460 639

____

4 Ordne der Größe nach. Beginne mit der größten Zahl.

789 346, 709 864, 769 998, 790 638, 799 802

____

5 Setze ein: (<), (>), (=)

a)			b)			c)		
504 208	◯	405 208	530 000	◯	64 953	593 208	◯	539 088
789 346	◯	798 659	905 384	◯	899 999	40 400	◯	40 049
803 999	◯	804 001	89 756	◯	89 756	358 988	◯	361 001
79 300	◯	79 030	483 567	◯	783 300	551 142	◯	551 124
270 431	◯	720 431	237 041	◯	237 410	187 907	◯	817 999

Nachbarzahlen

Datum ____________

1 Schreibe die Zahlen und beide Nachbartausender (NT) auf.
Welcher NT liegt näher? Kreise ihn ein.

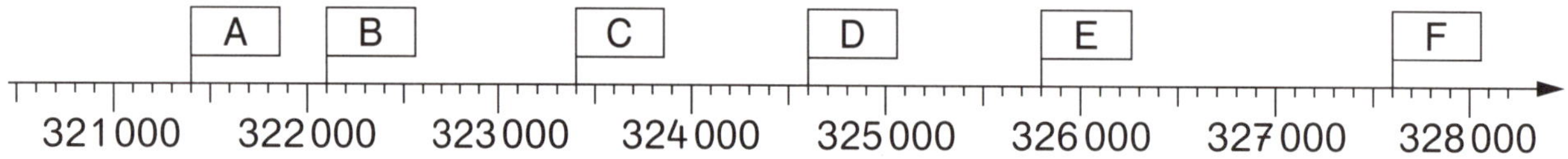

NT	Zahl	NT
321 000	A: 321 400	322 000
	B:	
	C:	

NT	Zahl	NT
	D:	
	E:	
	F:	

2 Sprünge zu den Nachbartausendern.

a) 36 500 + 500 = 37 000
36 500 − ______ = 36 000

b) 45 300 + ______ = 46 000
45 300 − ______ = ______

c) 72 400 + ______ = ______
72 400 − ______ = ______

d) 99 100 + ______ = ______
99 100 − ______ = ______

3 Sprünge zu den Nachbartausendern.
Schreibe in dein Heft.

a)	b)	c)
582 900	582 500	795 300
643 600	67 200	214 700
37 800	436 400	828 100

a) 582 900 + 100 =
582 900 − 900 =

4 Schreibe die Zahlen und beide Nachbarzehntausender (NZT) in dein Heft.
Welcher liegt näher? Kreise ihn ein.

NZT	Zahl	NZT
530 000	A: 534 000	540 000

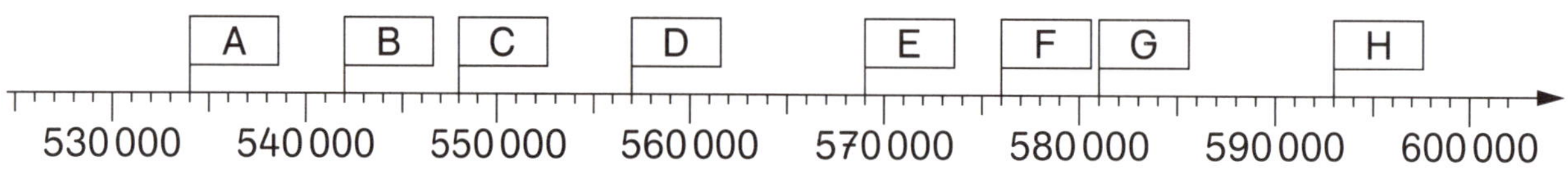

Nachbarzahlen

____
Datum

1 Sprünge zu den Nachbarzehntausendern.

a) 54 000 + 6 000 = 60 000
54 000 − ______ = 50 000

b) 341 000 + ______ = 350 000
341 000 − ______ = ______

c) 78 000 + ______ = ______
78 000 − ______ = ______

d) 857 000 + ______ = ______
857 000 − ______ = ______

2 Sprünge zu den Nachbarzehntausendern.
Schreibe in dein Heft.

a)	b)	c)
784 000	145 000	273 000
385 000	437 000	868 000
142 000	526 000	659 000

a) 784 000 + 6 000 =
784 000 − 4 000 =

3 Schreibe die Zahlen und beide Nachbarhunderttausender (NHT) in dein Heft.
Welcher liegt näher? Kreise ihn ein.

a)	b)
539 821	932 945
763 920	808 539
463 542	346 452
721 612	903 843

NHT	Zahl	NHT
(500 000)	539 821	600 000

4 Sprünge zu den Nachbarhunderttausendern.

a) 360 000 + ______ = 400 000
360 000 − ______ = 300 000

b) 430 000 + ______ = ______
430 000 − ______ = ______

c) 250 000 + ______ = ______
250 000 − ______ = ______

d) 520 000 + ______ = ______
520 000 − ______ = ______

5 Trage die Nachbarzahlen ein.

NHT	NZT	NT	Zahl	NT	NZT	NHT
500 000	580 000	586 000	586 391	587 000	590 000	600 000
			738 765			
			141 230			
			379 426			
			652 874			
			806 347			
			430 098			
			500 705			

Datum ______

Flex hat die Zahl gerundet.

Für das Runden von Zahlen gibt es diese Regel:

Bei 0, 1, 2, 3, 4 wird abgerundet.
Bei 5, 6, 7, 8, 9 wird aufgerundet.

≈
Dieses Zeichen bedeutet „ist ungefähr".

Runden auf Tausender:

1 Runde die Zahlen auf Tausender. Schaue dir dazu die Hunderterstelle an.

a) 25 173 ≈ 25 000
48 961 ≈ ______
7 341 ≈ ______
36 409 ≈ ______

b) 52 187 ≈ ______
73 205 ≈ ______
1 472 ≈ ______
80 509 ≈ ______

c) 37 678 ≈ ______
1 327 ≈ ______
7 995 ≈ ______
38 724 ≈ ______

2 Runde die Zahlen auf Tausender.

a) 808 599 ≈ 809 000
604 289 ≈ ______
899 356 ≈ ______

b) 684 149 ≈ ______
125 624 ≈ ______
384 596 ≈ ______

c) 412 600 ≈ ______
728 501 ≈ ______
573 499 ≈ ______

3 Runde die Zahlen auf Hunderter. Schaue dir dazu die Zehnerstelle an.

a) 3 420 ≈ 3 400
6 347 ≈ ______
494 ≈ ______

b) 8 907 ≈ ______
768 ≈ ______
5 087 ≈ ______

c) 73 209 ≈ ______
14 351 ≈ ______
5 997 ≈ ______

d) 31 294 ≈ ______
25 135 ≈ ______
64 209 ≈ ______

Runden

______________ Datum

1 Runde die Zahlen auf Zehntausender. Schaue dir dazu die Tausenderstelle an.

a) 58948 ≈ 60000 | b) 126412 ≈ ______ | c) 358753 ≈ ______
42856 ≈ ______ | 245813 ≈ ______ | 219817 ≈ ______
64249 ≈ ______ | 642528 ≈ ______ | 373028 ≈ ______
21852 ≈ ______ | 738553 ≈ ______ | 490604 ≈ ______

2 Runde die Zahlen auf Hunderttausender. Schaue dir dazu die Zehntausenderstelle an.

a) 246873 (≈) 200000 | b) 330415 ◯ ______ | c) 173282 ◯ ______
158917 (≈) ______ | 827863 ◯ ______ | 821670 ◯ ______
482647 ◯ ______ | 703408 ◯ ______ | 950091 ◯ ______

3 Runde die Zahlen auf die richtige Stelle.

Zahl	Hunderter	Tausender	Zehntausender	Hunderttausender
482 563	482 600			
385 403				
645 912				
732 546				
321 653				

4 Auf welche Stelle wurde gerundet?

654 321 ≈ 654 000 Tausender
243 564 ≈ 240 000 ______
641 309 ≈ 641 310 ______
213 426 ≈ 200 000 ______
876 541 ≈ 876 500 ______
417 923 ≈ 420 000 ______

5 Gerundet oder genau? Kreuze an.

	gerundet	genau
Mein Schulweg ist ungefähr 5 km lang.	☐	☐
Mein Vater ist 1,84 m groß.	☐	☐
Meine Schultasche wiegt ungefähr 3 kg.	☐	☐
Ich trinke ungefähr 2 Liter Wasser am Tag.	☐	☐
Mein neues Fahrrad hat 385,95 € gekostet.	☐	☐
Beim Schulfest waren fast 600 Besucher.	☐	☐
Im Laden wurden heute 386 Bücher verkauft.	☐	☐

Rechnen bis 1 000 000

Datum ____________

1

a) 49 000 + 70 000 = ______
37 000 + 90 000 = ______
83 000 + 50 000 = ______
68 000 + 70 000 = ______
76 000 + 80 000 = ______

b) 53 000 + 80 000 = ______
81 000 + 60 000 = ______
67 000 + 70 000 = ______
35 000 + 30 000 = ______
59 000 + 70 000 = ______

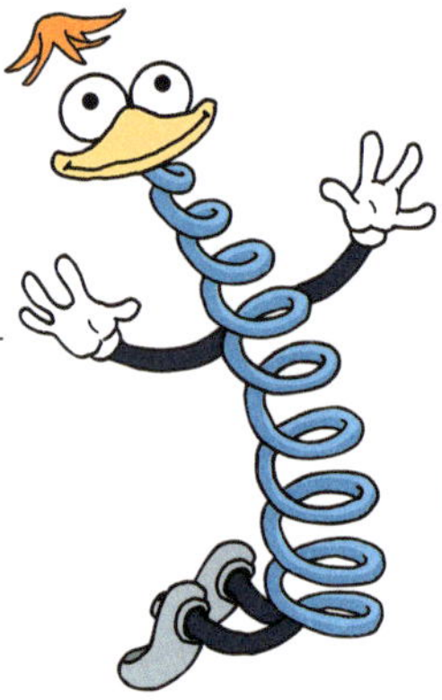

2

a) 152 000 − 80 000 = ______
134 000 − 70 000 = ______
117 000 − 60 000 = ______
165 000 − 90 000 = ______
148 000 − 60 000 = ______

b) 147 000 − 80 000 = ______
132 000 − 70 000 = ______
125 000 − 40 000 = ______
143 000 − 60 000 = ______
111 000 − 80 000 = ______

3 Zweimal 12 Aufgaben. Schreibe in dein Heft.

a)

58 000	69 000	46 000	71 000	+	60 000	90 000	80 000

b)

154 000	162 000	179 000	126 000	−	70 000	90 000	80 000

4 Schreibe immer zwei passende Aufgaben dazu. Wie verändert sich die Summe?

a) 45 000 + 28 000 = ______
45 000 + 38 000 = ______
45 000 + 48 000 = ______
______
______

b) 14 000 + 68 000 = ______
24 000 + 68 000 = ______
34 000 + 68 000 = ______
______
______

Die Summe ______

5 Schreibe immer zwei passende Aufgaben dazu. Wie verändert sich die Differenz?

a) 91 000 − 42 000 = ______
91 000 − 52 000 = ______
91 000 − 62 000 = ______
______
______

b) 72 000 − 24 000 = ______
62 000 − 24 000 = ______
52 000 − 24 000 = ______
______
______

Die Differenz ______

6

a)

23 000	56 000	45 000	39 000	+	27 000	18 000	39 000

b)

92 000	63 000	84 000	75 000	−	26 000	38 000	59 000

Rechnen bis 1 000 000

Datum ____________

1

+	230 000	340 000
130 000		
540 000		
660 000		
420 000		

–	350 000	640 000
790 000		
960 000		
870 000		
680 000		

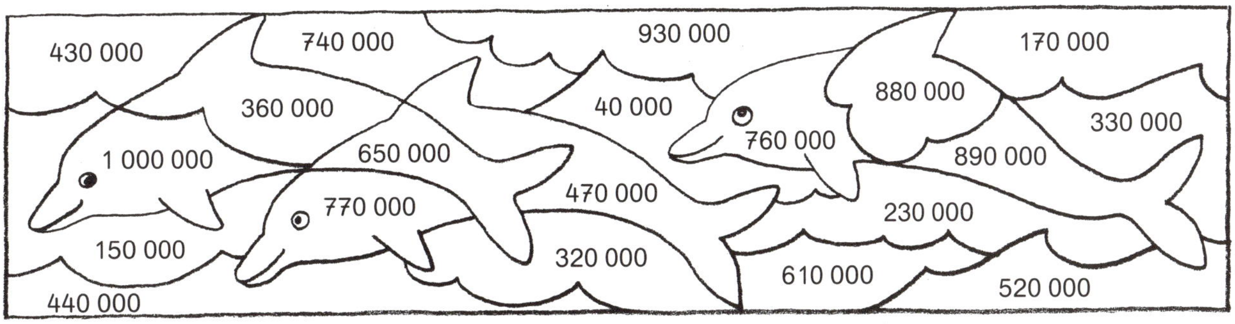

2 Zweimal 12 Aufgaben.

a)

140 000	350 000	470 000	260 000	+	60 000	70 000	80 000

b)

310 000	920 000	840 000	430 000	–	50 000	80 000	90 000

3

a) 240 000 + 46 000 = ____________

350 000 + 23 000 = ____________

560 000 + 33 000 = ____________

230 000 + 46 000 = ____________

740 000 + 35 000 = ____________

b) 630 000 + 44 000 = ____________

470 000 + 23 000 = ____________

820 000 + 57 000 = ____________

570 000 + 18 000 = ____________

650 000 + 39 000 = ____________

4

a) 540 000 – 25 000 = ____________

780 000 – 38 000 = ____________

430 000 – 21 000 = ____________

440 000 – 31 000 = ____________

580 000 – 64 000 = ____________

b) 670 000 – 45 000 = ____________

850 000 – 32 000 = ____________

390 000 – 54 000 = ____________

760 000 – 23 000 = ____________

280 000 – 77 000 = ____________

5

a) Der Subtrahend ist 25 000. Der Minuend ist 350 000. Wie heißt die Differenz?

____

b) Die Differenz ist 147 000. Der Minuend ist 180 000. Wie heißt der Subtrahend?

____

c) Der Subtrahend ist 53 000. Die Differenz ist 417 000. Wie heißt der Minuend?

____

Rechnen bis 1 000 000

Datum ____________

1

a)

54 000	46 000	67 000	35 000	+	7 000	8 000	9 000

b)

93 000	52 000	81 000	44 000	–	5 000	6 000	7 000

2

a) 57 000 + 6 200 = ________
98 000 + 7 400 = ________
46 000 + 8 600 = ________
48 000 + 4 700 = ________
55 000 + 7 600 = ________

b) 74 000 + 9 300 = ________
35 000 + 7 500 = ________
69 000 + 4 200 = ________
24 000 + 7 200 = ________
32 000 + 9 100 = ________

3

a) 85 000 – 7 300 = ________
63 000 – 5 800 = ________
42 000 – 4 500 = ________
82 000 – 6 400 = ________
74 000 – 7 800 = ________

b) 34 000 – 8 600 = ________
23 000 – 9 500 = ________
51 000 – 3 300 = ________
62 000 – 5 200 = ________
84 000 – 6 300 = ________

4

a) 50 000 + 1 627 = ________
50 000 + 385 = ________
50 000 + 96 = ________

c) 80 000 + 5 136 = ________
80 000 + 754 = ________
80 000 + 61 = ________

b) 70 000 + 4 397 = ________
70 000 + 634 = ________
70 000 + 58 = ________

d) 40 000 + 5 619 = ________
40 000 + 872 = ________
40 000 + 48 = ________

5

a) 98 375 – 30 000 = ________
32 841 – 10 000 = ________
67 452 – 40 000 = ________
73 624 – 50 000 = ________
85 432 – 60 000 = ________

b) 45 379 – 20 000 = ________
28 461 – 10 000 = ________
57 864 – 30 000 = ________
81 607 – 20 000 = ________
98 635 – 50 000 = ________

6 Immer zwei Zahlen ergeben zusammen 1 000 000. Male mit der gleichen Farbe an.

583 000 | 417 000 | 742 000 | 427 000 | 379 000
366 000 | 621 000 | 634 000 | 573 000
258 000 | 896 000 | 104 000

Rechnen bis 1 000 000

Datum

1 Schreibe stellengerecht untereinander und addiere schriftlich.

a) 37 084 + 29 137 b) 78 810 + 9 438 c) 30 974 + 44 826 d) 8 736 + 74 965

a)
```
   3 7 0 8 4
 + 2 9 1 3 7
 ___________
```

2 Addiere immer zwei Zahlen. Rechne mindestens zehn Aufgaben.
Addiere schriftlich in deinem Heft.

641 138 | 10 085 | 89 803 | 53 801 | 84 157 | 21 140

114 857 | 54 107 | 798 169 | 761 985 | 37 407 | 12 397

3 a) 4 982 b) 7 365 c) 5 824 d) 9 173

Addiere zu der Zahl die Zahl 7 463.
Subtrahiere dann von derselben Zahl 2 537.
Vergleiche die Ergebnisse. Was fällt dir auf?
Kannst du es begründen?

4 a) 4 563 + 18 756 + 34 876 c) 70 649 + 19 531 + 3 416
b) 34 254 + 28 641 + 1 275 d) 78 564 + 6 382 + 12 653

a)
```
     4 5 6 3
 + 1 8 7 5 6
 + 3 4 8 7 6
 ___________
```
b) c) d)

5 Klecksaufgaben. Welche Ziffern fehlen?

Rechnen bis 1 000 000

Datum ____________

1 Schreibe stellengerecht untereinander und subtrahiere schriftlich.

a) 76 432 – 51 247

```
  76432
– 51247
```

b) 45 681 – 2 976

c) 64 009 – 45 689

d) 90 601 – 37 483

2 Subtrahiere zuerst schriftlich. Überprüfe dann mit einer Probe. Schreibe in dein Heft.

a)	b)	c)
384 925 – 267 894	932 406 – 728 763	719 460 – 48 725
835 689 – 625 765	605 891 – 36 257	580 473 – 263 816
428 726 – 319 573	736 548 – 489 246	927 365 – 719 582
813 543 – 526 729	619 235 – 43 851	594 137 – 17 853

3 Subtrahiere immer zwei Zahlen schriftlich in deinem Heft.
Rechne mindestens zehn Aufgaben.

917 638 · 12 345 · 24 578 · 216 987 · 549 816 · 80 872

45 280 · 81 073 · 58 176 · 19 698 · 52 893 · 48 679

4 

a) 219 347 b) 562 438 c) 970 184 d) 427 513

Subtrahiere von der Zahl die Zahl 19 482.
Subtrahiere dann von der Differenz die Zahl 80 518.
Vergleiche dein Ergebnis mit der Zahl. Was fällt dir auf?
Kannst du es begründen?

5 Wähle zwei Zahlen. Subtrahiere schriftlich in deinem Heft.

a) Die Differenz soll größer als 70 000 sein. Finde zwei Aufgaben.
b) Die Differenz soll kleiner als 40 000 sein. Finde zwei Aufgaben.

85 382 · 9 567 · 36 942 · 91 857 · 18 532 · 26 453 · 56 944 · 8 346

6 Klecksaufgaben. Welche Ziffern fehlen?

a)
```
  3●2●9●
– ●9●687
  177207
```

b)
```
  ●34●1●
– 48●132
  3●72●5
```

c)
```
  ●13●2●
– 3●●561
  2409●9
```

d)
```
  65●19●
– ●856●7
  2●1●65
```

e)
```
  9●483●
– ●2●6●5
  189●51
```

Rechnen bis 1 000 000

Datum ______________

1 Was hat Flex falsch gemacht? Schreibe die Aufgaben richtig auf.

a)
```
  3464
+ 2753
     1
------
  5217
```

b)
```
  5703
+  659
     1
------
 12293
```

c)
```
  6784
+ 3104
------
  3680
```

d)
```
  2714
+ 4385
    11
------
  7199
```

2 Im Kopf oder schriftlich? Entscheide bei jeder Aufgabe.

a) 482 334 + 123 578 = ______

560 133 + 400 007 = ______

725 725 + 75 075 = ______

629 351 + 99 999 = ______

b) 425 631 − 99 999 = ______

735 824 − 135 824 = ______

526 426 − 199 999 = ______

679 825 − 388 479 = ______

3 Welche Ziffernkarten kannst du legen, damit das Ergebnis stimmt? Jede Ziffernkarte darfst du nur einmal pro Aufgabe verwenden.

Ziffernkarten: 3, 2, 5, 9, 8, 1, 4, 6, 7

a) □□□□ + □□□□ = 9 9 9 9

b) □□□□□ + □□□ = 6 1 8 7 7

c) □□□□□ − □□□□ = 4 2 1 3 7

d) □□□□ − □□□□ = 5 3 1 1

e) □□□□ + □□□□ = 1 5 5 7 9

f) □□□□ − □□□□ = 3 2 3 4

Rechnen in Sachsituationen

Datum

Der Tennisverband Rankelberg (TVR) verschickt einmal im Jahr eine Zeitung mit Neuigkeiten an die Verbandsmitglieder. Hier siehst du einige Ausschnitte aus der Zeitung.

1

Mitgliederentwicklung Tennisverband Rankelberg

Jahr	Mitglieder insgesamt	weiblich	männlich
2006	67 748	36 773	
2007	85 467	46 897	
2008	75 557	32 015	

a) Berechne die fehlenden Angaben.

b) Wie hat sich die Anzahl der Verbandsmitglieder von 2006 auf 2007 verändert? Berechne den Unterschied.

c) Wie hat sich die Anzahl der Verbandsmitglieder von 2007 auf 2008 verändert? Berechne den Unterschied.

2 Wie viele Zuschauer konnten sich das Turnier anschauen?

Starke Nachfrage beim Mai-Turnier
8 563 Zuschauer wollten sich das Turnier anschauen. 2 363 haben leider keine Karte mehr bekommen.

3 Wie viel Müll wurde insgesamt gesammelt?

Nach dem Turnier blieb viel Müll liegen. Es wurden 246 kg Restmüll, 175 kg Altglas und 198 kg Recycling-Abfall gesammelt.

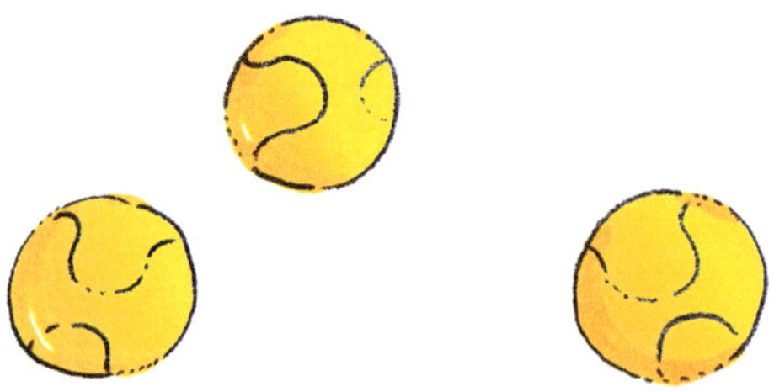

4 Wie viel Euro muss der Tennisklub Grüne Heide bezahlen?

Neues Sportheim für Grüne Heide
Der Tennisklub Grüne Heide baut ein neues Sportheim. Der Bau soll 120 000 € kosten. Der Tennisverband übernimmt davon 78 349 €, die Stadt bezahlt 25 400 €.

Mit dem Taschenrechner knobeln

Datum ____________

1 Bilde eigene Spiegelzahlen und subtrahiere die kleinere von der größeren Zahl. Rechne mindestens zehn Aufgaben. Du kannst dazu den Taschenrechner nutzen.

□□□
− □□□
______

2 a) Bilde zu jeder Zahl die Spiegelzahl und rechne wie in Aufgabe 1.

A: 7 2 6 − 6 2 7 = 9 9

B: 8 6 1 − □□□ = ___

C: 9 2 1 − □□□ = ___

D: 9 8 2 − □□□ = ___

E: 6 3 1 − □□□ = ___

F: 8 6 4 − □□□ = ___

G: 5 4 1 − □□□ = ___

H: 7 8 1 − □□□ = ___

I: 9 4 0 − □□□ = ___

J: 7 4 3 − □□□ = ___

K: 8 7 5 − □□□ = ___

L: 7 1 5 − □□□ = ___

M: 4 9 2 − □□□ = ___

b) Wie viele verschiedene Ergebnisse hast du gefunden?
Ordne die Ergebnisse der Größe nach. Schreibe sie untereinander auf.
Vergleiche die Ergebnisse und schreibe deine Entdeckungen auf.

Zehner

Hunderter

Vielfache

Quersumme

… wird immer um … kleiner

Einer

… wird immer um … größer

Das kann ich jetzt

____
Datum

1 Wie heißt die Zahl?
Schreibe in dein Heft.

a) 80000 + 4000 + 300 + 20 + 9 =

a) 8ZT + 4T + 3H + 2Z + 9E
5ZT + 3T + 7H + 1Z + 4E
6ZT + 2T + 8Z + 2E

b) 7HT + 3ZT + 4T + 3H + 1Z + 9E
3HT + 7T + 8H + 2Z + 2E
9HT + 2ZT + 7H

2 Welche Zahlen sind es?

a) 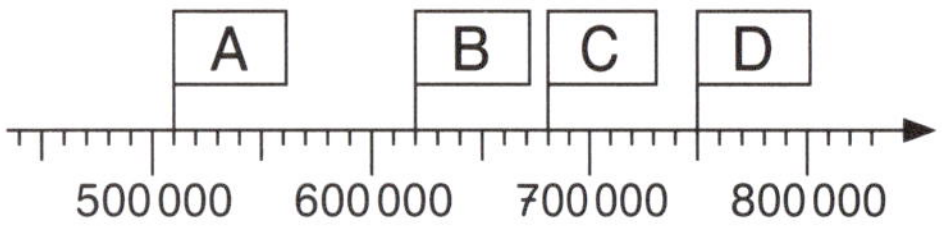

b) 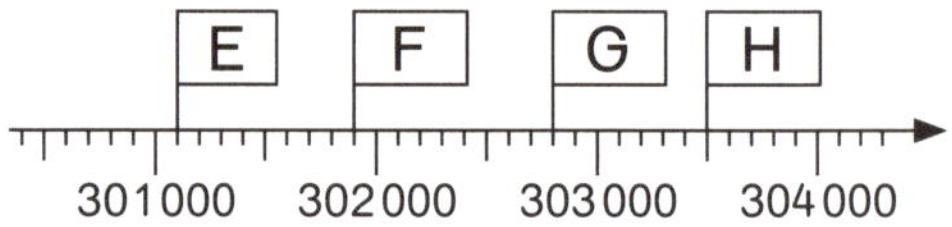

a) A ________ B ________
C ________ D ________

b) E ________ F ________
G ________ H ________

3 Schreibe beide Nachbarzehntausender (NZT) auf.
Welcher NZT liegt näher? Kreise ihn ein.

NZT	Zahl	NZT
(620000)	623000	630000
	719000	
	412000	
	976000	

NZT	Zahl	NZT
	406304	
	124777	
	841960	
	597030	

4 Runde die Zahlen auf Tausender.

a) 17918 ≈ 18000
28315 ≈ ______
87206 ≈ ______

b) 45685 ≈ ______
24702 ≈ ______
10473 ≈ ______

c) 125106 ≈ ______
409258 ≈ ______
300225 ≈ ______

5 Zweimal 12 Aufgaben. Schreibe in dein Heft.

a)

460000	570000	790000	380000	+	50000	70000	80000

b)

520000	440000	630000	810000	–	60000	80000	90000

6 Rechne schriftlich in deinem Heft.

a) 4389 + 1212
6879 + 1071
3905 + 2436

b) 6456 + 3137
7531 + 2469
4357 + 1544

c) 8641 – 5426
7572 – 3238
4760 – 2676

d) 5261 – 2129
4857 – 3249
9593 – 5486